农村实用技术培训读本

实用时令农技一本通

刘德洪　梅宗香 / 主编

西南师范大学出版社
国家一级出版社　全国百佳图书出版单位

图书在版编目（CIP）数据

实用时令农技一本通 / 刘德洪，梅宗香主编. — 重庆：西南师范大学出版社，2020.7
ISBN 978-7-5697-0118-0

Ⅰ. ①实… Ⅱ. ①刘… ②梅… Ⅲ. ①农业技术 Ⅳ. ①S

中国版本图书馆CIP数据核字(2020)第116870号

实用时令农技一本通
SHIYONG SHILING NONGJI YIBENTONG
刘德洪 梅宗香 主编

责任编辑：周明琼 杨景罡
责任校对：熊家艳
封面设计：闰闰江文化
排 版：黄金红
出版发行：西南师范大学出版社
印 刷：重庆康豪彩印有限公司
幅面尺寸：130 mm × 185 mm
印 张：3.5
字 数：76千字
版 次：2020年7月 第1版
印 次：2021年11月 第2次印刷
书 号：ISBN 978-7-5697-0118-0
定 价：18.00元

目录

第一部分 特色产业发展篇

第二部分 蔬菜篇

第三部分 植物病虫害

第四部分 动物疫病

第五部分 常见鱼病

第一部分

特色产业发展篇

一 立春

LI CHUN

2月3日、4日或5日

立春春打六九头，春播备耕早动手，

一年之计在于春，农业生产创高优。

1. 经果

◆**清园**：继续完善果树冬季管理的后续工作，完成果园中耕、清园工作，搞好树干刷白。

◆**施肥**：对草莓追施水溶性肥料，用量3~5公斤/亩[①]。

◆**病虫害防治**：用枯草芽孢杆菌、腐霉利、啶酰菌胺等药防治灰霉病。

◆**花果管理**：抓好柑橘中熟品种的采收和晚熟品种的管理，在草莓园放蜂和进行人工授粉。

2. 肉兔

主要是管好产仔兔，根据配种记录，结合摸胎，先按30天孕期确定怀孕母兔的预产期(早可能在28天,迟也可能在32天),

①1公斤=1千克，1亩≈666.67平方米。

应在此日期的前 3 天在产仔窝内放入干净柔软的稻草，无专用产仔窝的，应准备好产仔箱，垫草后放入笼内，让母兔自行拉毛营巢。初生仔兔全身无毛，产后 4~5 天才开始长毛，对外界环境不能适应，因此要注意防寒防冻。仔兔到第 12 天才睁眼，此时应注意有的仔兔的眼睛因被眼屎糊住而睁不开，遇此种情况，切忌用手去扒开上下眼睑，造成眼睛受到损伤甚至瞎眼，应该用眼药水或淡盐水滴在眼缝，过几分钟再滴，连滴 3~5 次，仔兔就会自行睁眼。

3. 蜜蜂

立春到来阳气转，蜜蜂活动王产卵；缺蜜盗蜂易出现，退脾饲喂是关键。天地间万物回春，蜜蜂也不例外，体内的活力激增，蜂王开始产卵，子圈逐渐变大。野菜花现在正好大开，粉很多，适时地割封盖蜜，加巢础，奖励喂糖是很有必要的。蜂王喜欢在新脾上产卵，2 个昼夜基本就能在一张新脾产满卵。

4. 水产

中国一直以立春作为春季的开始。水产养殖上，立春多以干塘晒塘为主，清塘时，每亩加 75 公斤生石灰，带水清塘时每亩加 125~150 公斤生石灰，彻底杀灭鱼塘病原。

5. 家禽

气温有所上升，家禽的产蛋率也有所提高。此期疾病少，要抓住时机，加强饲养管理，提高家禽产蛋率。如果此时产的蛋做种蛋用，应注意饲料营养全面，适当添加维生素 A 、维生素 B 、维生素 C 等，同时应加强病源净化。

6. 家畜

冬寒犹在，这个时候病菌活跃，瘟疫易发，在注意幼畜保暖的基础上，还应重视传染病的预防和环境消毒工作。

二 雨水

YU SHUI

2 月 18 日、19 日或 20 日

雨水春雨贵如油，顶凌耙耘防墒流，
多积肥料多打粮，精选良种夺丰收。

1. 经果

◆**施肥：**对桃树、李树、樱桃树施萌芽肥或花前肥，幼树以氮肥为主（每亩施肥 10~20 公斤），结果树以复合肥为主，配合有机肥施用（复合肥 30~50 公斤 / 亩，有机肥 300~500 公斤 / 亩），促进果树萌芽、抽枝、开花、结果。

◆**果树嫁接和品种改良：**做好柑橘树、梨树、李树等苗木繁育工作，搞好春季果树苗木嫁接工作，对低劣品种开展高接换种和改良品种工作；做好苗木播种前种子翻晒等播种准备。

2. 肉兔

在雨水节气，乳腺炎是母兔易患的疾病，严重的能造成全窝仔兔死亡，母兔也不能再怀孕产仔，因此不可掉以轻心。

3. 蜜蜂

雨水正是二月天，花粉不足往里添；奖励饲喂两三天，加强保温扩卵圈。要注意防寒，保温是这时的关键。百花初开，蜂群活跃，到处都能采到蜜粉，可以用 3 天不同样来形容。

4. 水产

雨水一到，天气回暖，降水量逐渐增多。水产养殖上，以重庆为例，在此季节，鱼塘干塘出现裂缝后可蓄水准备养殖。

5. 家禽

加强传染病的预防接种。

6. 家畜

雨水时节的雨水繁多，饲料容易在雨水季发霉变质，储存不当就容易滋生霉菌毒素，引发疾病。所以对饲料要做到上不滴水，下不受潮的管理，饲料要放在木板上面，遇到屋顶漏水时，还要及时补漏。

三 惊蛰

JING ZHE

3月5日、6日或7日

惊蛰天暖地气开，冬眠蛰虫苏醒来，

冬麦镇压来保墒，耕地耙耘种春麦。

1. 经果

◆施肥：对柑橘树、葡萄等施萌芽肥或花前肥，配合有机肥施用（化肥 40~60 公斤 / 亩，有机肥 400~500 公斤 / 亩），促进果树萌芽、抽枝、开花、结果。

◆病虫害防治：对桃树、李树、梨树在花芽露白前喷施一次 500~800 倍液农药（杀虫剂 + 杀菌剂）。

◆修剪：开展桃树、李树、梨树花前复剪，疏去弱花、无用花和过多的花。

◆花果管理：抓好樱桃树、桃树、李树的保花保果，在花期喷施硼砂 + 磷酸二氢钾 + 微量元素等保果，在果园放蜂。对柑橘晚熟品种揭保果薄膜。

2. 肉兔

春繁季节，有条件的尽量搞人工授精，用此法不必考虑母兔是否发情，而自然交配就要注意观察母兔发情与否，还有的母兔即使发情，也不让公兔爬跨，还要人工稳住它，颇费时间。但是,不管怎么样,配种必须抓紧,这个月就是要让母兔只只满怀。

3. 蜜蜂

惊蛰时气温往上涨，油菜花开蜜粉足；人工育王抓天气，培养新王换旧王。雄蜂开始出房，尽量换新王，新王是获得高产蜂蜜的主要原因，而且早春的王是一年当中最好的，着手人工分群在这时也非常适合，燕子、蜻蜓、胡蜂等天敌对处王试飞、交尾的影响不大。蜂群已经出第一批子，王继续在出子的巢房产卵，这段时间蜜粉消耗较大，虽说中蜂省饲料，但在发展阶段一定要蜜粉足。天气忽冷忽热，保温时一定要做到蜂多于脾，对弱群要补上将要出房的子脾，让弱群快速加强。

4. 水产

“春雷惊百虫”，温暖的气候条件利于多种病虫害的发生和蔓延。水产养殖上，此时鱼苗已经下塘，处于易长虫时期，应注意杀虫。

5. 家禽

气温稳步提高，鸡的生理机能更加旺盛，产蛋率也迅速提高。因此，此月要在保持高产蛋率上下功夫，饲料要全价，各项管理制度要保持相对稳定，防止鸡群产生应激而降低产蛋率。如果蛋鸡的产蛋率在3月上不去，全年就不可能取得较好的饲养效益。

6. 家畜

天气开始回暖，但昼夜温差大，这个时候在保温与通风方面的管理容易不协调。在没有及时通风，畜舍内的保温设备没有及时撤掉等情况下，很容易导致伤寒等疾病发生。孕羊分娩至高峰期，羔羊尽早吃初乳，母羊饲管要精心。

四 春分

CHUN FEN

3月20日或21日

春分风多雨水少，土地解冻起春潮，

稻田平整早翻晒，冬麦返青把水浇。

1. 经果

◆**花果管理**：做好桃树、李树、梨树保花保果工作，在花期喷施硼砂＋磷酸二氢钾＋微量元素等保果，在果园放蜂。对李园、梨园开展花期盖膜避雨，提高坐果率。抓好柑橘晚熟品种的采收工作。

◆**病虫害防治：**用氯虫苯甲酰胺等防治梨树的梨茎蜂、食心虫等，剪除虫枝，集中处理，减少来年虫害。

◆**修剪：**对葡萄开始抹芽、定枝。

2. 肉兔

春季是兔病流行的季节，常用的疫（菌）苗是预防兔瘟、兔魏氏梭菌病、兔巴氏杆菌病、兔波氏杆菌病和兔大肠杆菌病的灭活苗。3月是种优质牧草的季节，可以种苜蓿草、菊苣、串叶松香草等。

3. 蜜蜂

春分时刻分蜂忙，全场都是新蜂王；解决蜂群分蜂热，抢造新脾换旧脾。这期间要注意分群带来的损失。连日的雨水，只要天气稍好，中蜂不管王台是否成熟，很多都会自然分群。

4. 水产

平分春季，“二月惊蛰又春分，种树施肥耕地深”。水产养殖上，因此时水温不高，光照变化大，可进行第一次调水。

5. 家禽

禽舍加强通风与光照。

6. 家畜

临床上发现冬季伪狂犬病毒的抗体数值较低，因此本季节种猪伪狂犬病病毒的抗体保护至关重要。加强春季防疫，要对畜舍进行一次彻底大消毒，以防止病菌生长繁殖。首先对圈舍进行彻底清洗，然后用 20% ~ 30% 石灰乳或 20% 草木灰或 2% ~ 3% 火碱溶液对圈舍地面、墙壁及周围环境进行喷雾和涂刷。

五 清明

QING MING

4月4日、5日或6日

清明春始草青青，种瓜点豆好时辰，

植树造林种甜菜，水稻育秧选好种。

1. 经果

◆**花果管理：**在柑橘开花前复剪，疏去弱花、弱枝和过多花，提高花的质量，增加坐果率，喷施保果药（喷施硼砂 + 磷酸二氢钾 + 微量元素等保果，或用芸苔素内酯等保果），在果园放蜂；

对桃树、李树、梨树施花后肥，喷保果药，减少落果；继续抓好晚熟柑橘品种的采收；对枇杷进行疏果套袋。

◆**修剪**：对葡萄进行抹芽、摘心。

◆**病虫防治**：主要防治蚜虫、食心虫、葡萄白腐病等，在幼年果园间作蔬菜等作物或绿肥作物。

◆**果园排水**：抓好果园开沟排水工作，防止果园积水。

2. 肉兔

2月产出的仔兔已成为幼兔，度过了危险期，正处于贪吃、生长快的阶段，应多给青饲料，适当补充精料，以少吃多餐的方法饲喂。温暖潮湿的气候，容易导致这些仔兔、幼兔得胃肠炎大肠杆菌病、球虫病等疾病，必须注意饮用水、饲料的清洁卫生，防止病从口入。

3. 蜜蜂

清明时节雨纷纷，饲料保温别放松；调脾加础繁蜂快，强弱互补要均衡。

4. 水产

“清明喂个饱，瘦苗能转好。”此时水温逐步回升，可加大饲料投喂量，增强鱼的体质。

5. 家禽

现在是最适宜家禽生活的时期，温度、湿度等环境最有利于产蛋。此月可淘汰病、弱、残等不产蛋家禽，加强疾病预防工作，勤除粪，勤消毒。有条件的养鸡场（户）要搞好传染性疫病的抗体监测，发现异常立即处理，也可以进行预防性投药。

6. 家畜

春天是一个生发的季节，万物开始生长，猪牛羊进入生长加速的阶段，加强动物营养，加强种畜的饲养管理，及时播种优质牧草。

六 谷雨

GU YU

4月19日、20日或21日

谷雨雪断霜未断，杂粮播种莫迟延，

家燕归来淌头水，苗圃枝接耕果园。

1. 经果

◆**花果管理：**对柑橘进行保花保果；对樱桃注意排水和盖膜避雨，减少裂果，抓好樱桃采收、销售工作。

◆**修剪整形**：对桃树、李树、葡萄等进行抹芽、摘心、除卷须、绑蔓等。

◆**病虫防治**：主要防治蚜虫、椿象、食心虫、金毛虫、梨黑星病、梨黑斑病、葡萄黑斑病等；对枇杷防治果实日灼病。

◆**果园排水**：做好果园开沟排水工作，防止果园积水。

2. 肉兔

◆**早防球虫病**：在每150公斤饮用水中加20毫升地克珠利，或在每100公斤饮用水中加1毫升碘酒，连用45天。也可在小兔饲料中加入兔球速杀，每50公斤饲料中加50克，连用45天。

3. 蜜蜂

谷雨开花有蜜源，奖励饲喂是重点；每天傍晚给点蜜，鼓励蜂王多产卵。漫山遍野的杂花开，全年最好的养蜂时间是这时候，天气温暖，蜜粉充足，扩大规模，发展群势最合适。

4. 水产

谷雨是春季最后一个节气，意味着寒潮天气基本结束，气温回升加快，大大有利于谷类农作物的生长。水产养殖上，此时水中藻类大多以绿藻门为主，会迎来浮游生物快速繁殖时期，应及时使用不同的杀虫剂杀虫。

5. 家禽

现在是产蛋高峰期，应加强饲养管理。

6. 家畜

因牛羊经过了漫长的冬春枯草季节，牛羊的膘差、嘴馋、易贪青容易造成下痢，或误食毒草中毒，或导致青草胀（瘤胃鼓气），所以，春季放牧一要防止“跑青”；二要防止羊“鼓胀”。常有“放羊拦住头，放得满肚油；放羊不拦头，跑成瘦马猴”的说法。

七 立夏

LI XIA

5月5日、6日或7日

立夏麦苗节节高，平田整地栽稻苗，
中耕除草把墒保，温棚防风要管好。

1. 经果

◆**花果管理：** 对梨树、桃树、李树、葡萄进行疏花疏果，摘除病果、虫果、小果、畸形果，果实套袋；对枇杷果实防治日灼病和进行采摘。

◆**施肥：**对早熟品种施壮果肥，以磷钾肥为主，根据果园大小和结果多少、土壤肥力施用。

◆**病虫防治：**对柑橘主要防治红蜘蛛、蚜虫、果实蝇；对李、梨、桃防治椿象、凤蝶、天牛、蛾类、果实食心虫、褐斑病、灰霉病等。

◆**修剪整形：**对桃树、李树进行抹芽、摘心与疏梢、拉枝、扭梢等，控制枝梢生长。

◆**果园排水：**做好果园开沟排水工作，防止果园积水。

2. 肉兔

本季节气候适中，应抓紧配种，注意不要把公兔捉到母兔笼中交配，只能将母兔捉到公兔笼中。注意观察母兔是否发情，要翻看其阴户，如不红肿，要采取阴户上方按摩、注射绒毛膜促性腺激素50单位或异性诱导等措施促使发情后交配，保证尽快受孕。有条件的，可采用人工授精的方法，可以批量进行。

3. 蜜蜂

立夏天气暖又暖，蜂数增多有发展，扩大蜂群加新脾，保持蜂脾两相称。炎热的夏季即将到来，病虫害在这时是高发期，中囊、巢虫是阻碍蜂群发展的绊脚石，防重于治，勤换箱，脾数宁小莫多，脾多于蜂是养殖中蜂的大忌。

4. 水产

立夏是夏天的开始。这个时节天气容易反复，如果遇到连续阴雨或阴晴不定天气，水中容易倒藻。此时，开启增氧机、更换水体、使用杀藻剂等处理，并配合使用芽孢杆菌、光合细菌、EM 菌等微生态制剂调水。

5. 家禽

天气更加温暖，要注意搞好清洁卫生，禽舍要每天进行清扫，饲饮用具要天天洗刷。定期用抗毒威等消毒剂消毒。

6. 家畜

春夏之交，要严防各种传染病的发生，必须加强防疫和驱虫。要严格按照免疫程序做好牲畜的免疫注射。切忌漏注、疫苗失效等情况发生。一旦发生疫病，应严格封锁消毒，强化预防注射，按要求处理好尸体，应对进入畜舍场的车辆、人员彻底消毒。还要及时驱除畜体内外的寄生虫。

八 小满

XIAO MAN

5月20日、21日或22日

小满温和春意浓，防治蚜虫麦秆蝇，

稻田追肥促分蘖 ，抓绒剪毛防冷风。

1. 经果

◆**花果管理**：对葡萄进行疏果、套袋。

◆**病虫防治**：对柑橘树防治果实蝇、天牛、红蜘蛛、介壳虫、潜叶蛾、脚腐病等。

◆**修剪整形**：对柑橘结果树进行抹夏梢，控制树势；对桃树、李树、葡萄开展抹芽、摘心、绑蔓、拉枝等；对枇杷，将不结果枝条全部截短10厘米、修整树冠、剪掉细弱枝条。

◆**排水**：易积水果园要清沟排水，防积水。

2. 肉兔

本季节是黏液性肠炎、呼吸道疾病、传染性口炎、感冒等疾病的多发期，必须要勤消毒，杀死病菌、病毒，防患于未然。喷雾消毒的药物有：过氧乙酸配成0.3%的溶液；甲酚皂配成5%

的溶液；漂白粉，常用10%的溶液。地面和承粪板消毒常用1%的热烧碱水或30%的草木灰水；若地面潮湿，也可用干石灰粉薄薄地撒一层。用0.01%的高锰酸钾溶液浸泡、清洗食盆。

3. 蜜蜂

小满到来杂花开，粉源充足喂糖浆。刺激繁殖育新蜂，培养强群收夏糖。小满蜜源日渐增，修脾养王别放松。天晴花好育新王，人工分蜂才恰当。连日的雨天，大量的工蜂无事可做，唯有造王台了。若从箱外都能见到，久雨初晴时有工蜂在咬巢门、 出勤率不高等现象，十有八九是需要分蜂了，应提前做好应对工作。

4. 水产

小满时节雨水多，此时应及时杀虫，预防寄生虫再次生长。

5. 家禽

本季节青绿饲料比较丰富，散养禽可适当饲喂，既降低了成本，又能提高产蛋率和孵化率。

6. 家畜

本季节仔猪的饲养管理必须慎之又慎。因为仔猪缺乏先天免疫力，体温调节机能和消化功能不健全，在气候善变的季节，饲养管理稍有差错，极易引起仔猪患病。因此，要改善哺乳母猪的饲养管理，保持其乳房的清洁卫生，做好开食、补饲、旺食三个环节，使仔猪平安渡过初生关、补料关和断奶关，应特别护理好断奶仔猪。

九 芒种

MANG ZHONG

6月5日、6日或7日

芒种雨少气温高，玉米间苗和定苗；

糯谷荞麦抢墒种，稻田中耕勤除草。

1. 经果

◆**施肥**：对桃树、李树、梨树、葡萄等施壮果肥和来年花芽分化肥，以磷钾肥为主，结合有机肥，每亩施速效肥 20~30 公斤。

◆**病虫防治**：防治灰霉病、介壳虫、食心虫等果实病虫害。

◆**修剪整形**：继续进行生长期修剪，对柑橘控制夏梢。

◆**果园管理**：中耕除草、松土，搞好排水。

◆**花果管理**：做好早熟品种桃、李的采收工作。

2. 肉兔

本季节容易引起饲料霉变，霉变的饲料会引起兔子便秘、拉稀和中毒性胃肠炎，因此可用 0.1% 复方新诺明拌料，连用 5~7 天；对断奶后的幼兔，再用胃蛋白酶合剂，每兔每天 1 克，可提高幼兔的成活率。

3. 蜜蜂

芒种季节大流蜜，自然分蜂闹得急；通风散热调蛹脾，维持大群要过细。百花开放，排糖增多，5~7 天就能摇一次蜜，不太成熟的蜜气泡多，易发酵，不耐保存，建议尽量封盖再摇。大流蜜期往往也是繁蜂的最佳时期，繁出一批新子对安全度夏有不可估计的价值。

4. 水产

芒种后，水温进一步回升，细菌大量繁殖。定期使用芽孢杆菌、光合细菌、EM 菌等微生态制剂调水，预防发生水体“倒藻”现象。

5. 家禽

气温较高，要注意饲料保管，防止发霉变质。此时应调整饲喂，日粮中适当提高蛋白质饲料的比例，降低能量饲料的比例。每天可适当增加饲喂次数 4~5 次。

6. 家畜

此时高热高湿，气温变化大。因为猪是恒温动物，皮下脂肪厚，汗腺不发达，体温自我调节能力差，导致其采食量下降，生产性能、抵抗力下降，容易被病原微生物侵害而发病。从中兽医学角度分析，认为这是暑多挟湿，湿邪困于体表导致的汗出不畅，湿性黏滞。例如产房典型的葡萄球菌感染，俗称“猪油皮病”，在治疗上可选用辛凉解表方剂银翘散，或外用废机油、风油精也具有辛凉解表的作用。

十 夏至

XIA ZHI

6月21日或22日

夏至夏始冰雹猛，拔杂去劣选好种，

消雹增雨干热风，玉米追肥防黏虫。

1. 经果

◆**施肥：**对柑橘施好壮果肥，促进桃树、李树等花芽分化；用复合肥＋农家肥配合施用，每亩施复合肥 25~40 公斤。

◆**病虫防治：**防治柑橘脚腐病，桃树和李树的天牛、流胶病，葡萄霜霉病、白腐病等，做好早、中熟李子的采收工作。

◆**果园管理：**除草松土，控制杂草生长，排除积水。

◆**修剪整形：**对柑橘控制夏梢，进行抹芽、拉枝，缓和树势。

2. 肉兔

平时尽可能地在饲料中加入少量大蒜、韭菜、洋葱等，可以减少球虫病的发生，对病重的兔，除药物治疗外，加喂一点炒大麦，或木炭粉，可提高治疗效果。

3. 蜜蜂

夏至板栗盛花期，组织强群备用具，蜂群强大产蜜高，小群繁殖结合好。此时温度较高，有糖少粉，但在6月底前的最后一批糖需要留着度夏用，所以尽量不要摇完。6月初繁的子准备出房，度夏的重任就落在这些未来战士身上了，保存实力较好。

4. 水产

夏至时分，北半球的日照时间达到一年中最长，此时，光照强度开始稳定，水产迎来养殖高峰期。

5. 家禽

为保持禽舍干燥、清洁，每天应清扫1~2次，在禽笼下撒些生石灰，以起到吸水消毒作用。饲槽、饮水器要勤洗勤晒，保持清洁卫生。做好防暑降温准备工作。门窗应适当开启，安装好排风扇。一般本月末种鸡停止孵化，要及时把公鸡、母鸡分开，因为受精蛋不如无精蛋好保存。

6. 家畜

夏至气温开始炎热，暑性升散，易出汗过多而耗伤津液，但猪的汗腺功能不发达，反而会出现汗闭不出，体循环系统不畅，这就容易导致高热、口渴、食欲废绝、粪便干硬等现象出现，比较典型的是附红细胞体病。

十一 小暑

XIAO SHU

7月6日、7日或8日

小暑进入三伏天，龙口夺食抢时间；

玉米中耕又培土，防雨防火莫等闲。

1. 经果

◆**花果管理：**做好桃子、李子、葡萄的采收工作，给果树遮阴、浇水，预防日灼病，加强树势管理，继续促进花芽分化。

◆**病虫防治**：防治潜叶蛾、介壳虫、天牛、果实日灼病、柑橘脚腐病、葡萄霜霉病等，抓好灌溉和防旱工作。

2. 肉兔

本季节处于梅雨季节，气温高，湿度大，饲料易发霉，兔粪易霉变，防霉工作不能松懈，食盆要常清理、洗刷、消毒，兔粪要每日清除，运至远离兔舍的地方堆积发酵，割回的青草、苏丹草、鹅菜等青饲料最好放入 5% 的高锰酸钾溶液中浸泡 10 分钟，捞出晾干后饲喂。

3. 蜜蜂

小暑山区天气热，研究度夏定决策。搭棚遮阴进地洞，防暑降温蜂安宁。此时气温高，应留足采蜂粮的蜜蜂，它们多数只在 10 点前出来采零星的蜜粉，其余时间都在做散热的工作，偶然有采水蜂飞出，侦察蜜粉的蜂也会出来，但是胡蜂会来凑热闹，癞蛤蟆也会吃掉不少蜂。高温期出的蜂仔体质较弱，通过紧脾让蜂密集，箱内空间就大，空气流通好，对蜂群也好。

4. 水产

气温炎热但还未到最热。此时，每次不宜投喂过饱，采用少量多次的投喂方法可提高养殖效益，水产养殖“八分饱十分收成，十分饱八分收成”的说法由此而来。

5. 家禽

注意防治球虫病。

6. 家畜

高温高湿的环境有利于各种病原微生物及传播媒介的繁殖，增加了猪感染疾病的概率。因此，夏季要加强猪的饲养管理，改善猪的饲养环境，科学合理搭配饲料，积极做好疫病防治工作。增强抗病力，提高生产能力，成为夏季养猪成功的关键。保障牛羊圈舍不漏雨、不泥泞，防止牛羊卧湿圈。牛羊的毛脏、毛湿易导致皮肤病及腐蹄病。进入雨季要备好草料，以防阴雨天无草喂牛羊。

十二 大暑

DA SHU

7月22日、23日或24日

大暑大热暴雨增，复种秋菜紧防洪，

勤测预报稻瘟病，深水护秧防飞虱。

1. 经果

◆**花果管理：**抓好梨子、李子、桃子、葡萄等中、晚熟品种的采收工作，对柑橘、李子、猕猴桃等预防日灼病。

◆**灌溉：**注意灌溉和防旱，防止因干旱造成果树死亡。

2. 肉兔

本季节热，中午可在兔舍地面上泼凉水降温，承粪板用深井水冲洗，兔笼内放置用深井水浸泡过的青石或砖头供兔子趴在上面降温，母兔特别是怀孕母兔最好放在最低层，相对要凉爽一些。兔舍内应安装电风扇，有条件的安装水空调降温，由于兔舍门窗要大开，因此不适宜安装封闭式空调。

3. 蜜蜂

大暑也是三伏天，酷热蜜蜂扇风忙。蜂群饲养淡盐水，解暑降温功效强。遮阴防过热，有条件的可把蜂群放在大树底下，无事少开箱，让蜂能有个安静的环境。盐是一切生物不可缺少的物质，却是很多养蜂人所忽略的，缺少盐分的蜂群有时会追人吸汗。补充盐的方法很多，如在巢门撒少量盐，或者在水中加盐都是不错的办法。

4. 水产

大暑相对小暑更加炎热，高温季节病害多发，应适当预防草鱼“老三病”（草鱼细菌性烂鳃、细菌性肠炎、赤皮病）发生，使用生石灰消毒，水深 1 米，每亩用 20~30 公斤；池水中长期浸泡苦楝树叶也可预防草鱼“三病”。

5. 家禽

这个季节天气炎热，对蛋禽产蛋最不利，加之阴雨天气增多，高温、高湿对蛋禽群更加有害。因此，这个季节的工作重点是防暑降温。

6. 家畜

本季节炎热、暴雨多、蚊虫多，应做好防暑降温工作。放牧应注意早出晚归，中午炎热时，要防羊“扎窝子”，应让羊群到通风、阴凉处休息。必要时，在放牧中途给予适当休息。羊易上火，如发生暴发性火眼，要给羊喝蒲公英水，并用蒲公英水洗眼，一天 3~4 次。

十三 立秋

LI QIU

8月7日、8日或9日

立秋秋始雨淋淋，及早防治玉米螟，

深翻深耕土变金，苗圃芽接摘树心。

1. 经果

◆**灌溉：**做好伏季抗旱工作，及时灌水，保持土壤水分，确保果实产量，防治裂果、皱果。

◆**花果管理：**做好李子中、晚熟品种的采收工作，可以用遮阳网防治裂果、日灼病。防止果树干旱死亡。

2. 肉兔

本季节虽已立秋，但炎热的天气并未过去，“秋老虎”的热浪还在袭击兔舍，养兔还处在艰难时期。因此，本月养兔工作的重点还是防暑降温，恢复兔子的体质。

3. 蜜蜂

立秋开始用新王换旧王，利用秋花季节繁殖幼虫，用蜂蜜和水（2∶1）或白糖和水（1∶1）饲喂，刺激蜂王产卵和工蜂饲喂幼虫，为保证蜂群旺盛并安全越冬做准备。

4. 水产

暑去凉来，意味着秋天的开始。立秋前后若遇雷雨天气，鱼塘则极易缺氧，天气异常时，可适当减少投喂量，并注意检查增氧机是否正常，以防鱼类缺氧浮头。

5. 家禽

若立秋季节饲养管理得当，并配合使用抗热应激添加剂，蛋鸡在暑期仍可能取得较高的产蛋率，可为全年的高产高效打下基础。

6. 家畜

高温季节，饲料容易发生霉变，猪群采食量减少。因此，一方面要杜绝使用霉变饲料，另一方面还要调整饲料配方，保证适宜的营养水平，确保猪群摄入足量的营养。具体措施：一是选择新鲜优质、适口性好的原料，适度提高日粮的蛋白质水平，降低配合日粮中粗纤维的比例，以减少体热的产生；二是高温环境下机体内维生素的代谢加强，适度增加日粮中维生素、矿物质的含量以缓解热应激对猪的影响，建议配合日粮中每100公斤饲料添加30克维生素C、20克维生素E、25克碳酸氢钠；三是在日粮中添加中草药，如山楂、苍术、陈皮、槟榔、黄芩、神曲等，这些中药可以缓解炎热环境对商品猪的影响，提高增重率和饲料利用率。

十四 处暑

CHU SHU

8月22日、23日或24日

处暑伏尽秋色美，玉米甜菜要灌水，

粮菜后期勤管理，冬麦整地备种肥。

1. 经果

◆病虫防治：防治柑橘果实蝇，摘除虫果集中处理。

◆灌溉：继续抓好抗旱工作，防止秋旱，对葡萄施肥保叶。

◆花果管理：做好李子晚熟品种采收工作，防治日灼病。

2. 肉兔

早餐要早，晚餐要迟，中午尽可能喂青饲料；要求颗粒饲料营养全面，豆粕的比例不少于20%，保证供给清凉的饮水。

3. 蜜蜂

处暑工作不能变，繁殖还是最关键，补蜜调子防逃走，天敌胡蜂要防好。度夏结束，工蜂出勤又积极了，蜂王产卵也卖力了。度夏时未造好的巢础或被蜂咬烂的巢脾也开始补好，雄蜂房始现，又一轮繁殖旺季到来。

4. 水产

处暑代表夏天暑热正式终止。“处暑鱼速长，管理要加强，饵料要增加，疾病早预防。”此时主要预防肝胆综合征的发生，可使用解毒护肝灵进行预防。

5. 家禽

暑期已过，气温渐凉，家禽经过夏天的消耗，身体疲劳，产蛋量逐渐下降，有的蛋鸡可能开始停产换羽。但是，如果此月加强饲养管理，增加饲料中蛋白质、矿物质和维生素的含量，可使换羽期不明显，维持较高产蛋率，提高经济效益。

6. 家畜

天气转凉，牛羊易上膘，要抓紧让牛羊吃足青草，积累营养，安全越冬；进行第二次驱虫，让牛羊保膘，安全越冬或屠宰；8月是产羔的最佳时期，要进行第二次羊四联苗（羊快疫、猝疽、肠毒血症、羔羊痢疾苗）注射，防羔羊痢疾。

十五

白露

BAI LU

9月7日、8日或9日

白露夜寒白天热，播种冬麦好时节，

灌稻晒田收葵花，早熟苹果忙采摘。

1. 经果

◆**施肥**：对柑橘施秋肥（复合肥＋有机肥），促进果实膨大和成熟，增加可溶性固形物，提高品质和产量，继续完成葡萄施肥。

◆**病虫防治**：防治柑橘果实蝇，继续摘除虫果。

◆**修剪整形**：环割柑橘树，促进花芽分化；准备果树苗木进行秋季嫁接，对患有脚腐病的果树进行桥接。

◆**草莓园**：整地、施底肥开厢；草莓引种、苗木栽植。

2. 肉兔

度过了酷暑和初秋的炎热，迎来了中秋的凉爽，本月的气候适于家兔的生存与繁殖，因此本月养殖兔的要点是抓繁殖，尽快地产出一批苗兔，在春节前后出售，可以获得较高的收益。

3. 蜜蜂

白露恰逢大蜜源，乌泡摇钱倍子花。组织强群少分蜂，全年摇蜜大丰收。和春天一样，白露的天气非常适合中蜂的生长，但蜂群在秋季的分蜂欲望远不及春季强烈，人工移虫育王就能解决问题，这时育出的王管两年用，对培育优良的越冬子和春繁子起到重要的作用。

4. 水产

天气渐转凉，此时，地气下沉，水中所有毒害物质沉到塘底，为改底最佳时机。可使用水土修复药剂或者水土修复平衡液改善底质。

5. 家禽

此月应加强秋季季节性疾病的防治，如鸡痘、白冠病等，如果这些疾病防治不当，都会造成严重经济损失。同时，要加强消灭蚊蝇，加强对大肠杆菌感染、鸡新城疫等疾病的防治工作。

6. 家畜

庄稼陆续收割，此时抢放秋茬地，羊易过食胀肚。放豆茬地时要在羊吃秸秆、杂草八成饱时再放，最多放 20 分钟，加强动物的秋季防疫。秋季天高气爽，牧草丰富而且草籽逐渐成熟，应该是“满山遍野好放羊”的季节。秋季是羊群抓膘配种季节，放牧中，注意将羊放饱、放好，这不仅对冬季育肥出栏有重要作用，而且对羊的安全过冬和繁殖也很重要。

十六 秋分

QIU FEN

9月22日、23日或24日

秋分秋雨天渐凉，稻黄果香秋收忙，

碾谷脱粒进粮仓，山区防霜听气象。

1. 经果

◆**施肥**：对桃树、李树、梨树等进行秋季肥水管理，以复合肥为主；对柑橘施果实采前肥，促进柑橘花芽分化，提高花芽质量，每亩施50~100公斤。

◆**病虫防治**：加强梨树、桃树、李树等病虫害防治，防治红蜘蛛、介壳虫等，保护叶片以增加光合作用，积累养分；摘除、收集被果实蝇为害的果实进行集中处理。

◆**花果管理**：对枇杷促秋梢、促花。

◆**草莓**：草莓苗栽培，管理。

2. 肉兔

由于高温季节不能进行免疫注射，本季节在母兔配种前应进行防疫注射，重点是兔瘟、魏氏梭菌病和葡萄球菌病灭活疫苗的注射，即使尚未到免疫期的最后日，也应该注射，因为怀孕母兔和哺乳母兔不适宜防疫注射。

3. 蜜蜂

秋分正是花期尾，看准天气巧夺蜜；有蜜就取莫迟疑，多取少留收尾期。秋分是个收获的季节，杂花满山，如果有夜雾，吹南风，第二天肯定多糖，严防巢虫。

4. 水产

秋分前后，水温稍减，多数鱼类迎来第二次最适温度。此时，可适当加大饲料投喂，提高鱼类肥满度。

5. 家禽

天气逐渐变凉，日照时间逐渐缩短，昼夜温差大。此时应开始加强保温，尽量将舍内温度变化控制在最小范围内。

6. 家畜

秋天控温很重要，仍然需要注意畜舍的通风换气，晴天的时候多通风，阴雨天的时候少通风。通风的最佳时间通常是上午的 10 时到下午的 3 时。最好在猪棚的顶开个通风口，需要通风的时候就打开它，不需要通风的时候就关闭它。

十七 寒露

HAN LU

10月7日、8日或9日

寒露草枯雁南飞，洋芋甜菜忙收回；
管好萝卜和白菜，秸秆还田秋施肥。

1. 经果

◆**施肥：**对柑橘树增施有机肥，提高品质，控制晚秋梢抽发；对葡萄增施有机肥。

◆**病虫防治：**摘除虫果，防治柑橘果实蝇，防治枇杷花腐病。

◆**花果管理：**做好柑橘早熟品种的采收和销售工作，保护桃树、梨树、李树的树叶，防止开秋花。对枇杷促花芽。

2. 肉兔

搞好繁殖是本月的头等大事。凡上月未受孕的母兔，本月仍要抓紧交配，确保只只母兔怀孕，对已怀孕的母兔要区别对待。

3. 蜜蜂

寒露天气逐渐冷，蜂群全面要调整；六框蜂群最标准，组织强群采冬糖。早晚的温差较大，柠檬桉花要开了，一个多月的花期令养蜂人感到丰收的喜悦，花开到立冬，放宽蜂路，准备摇蜜，联系销路吧。

4. 水产

这时我国南方大部分地区气温继续下降，水体开始变化，绿藻逐渐向硅藻转化，容易发生倒藻现象。

5. 家禽

光照时间保持在每天 16 小时以上，同时应注意灯泡的光照度，只要管理得法，鸡群产蛋率会稳定上升。

6. 家畜

留意疫情，加强卫生消毒，秋季容易发生大规模的传染病，重点预防这五种病：传染性胸膜肺炎、蓝耳病、伪狂犬病、流感、猪瘟。如何预防？需要每天清扫一遍猪舍，每隔三天要给猪舍做一次消毒，这样既能确保猪场的卫生，也能有效地降低发病率。

十八 霜降

SHUANG JIANG

10月23日或24日

霜降结冰又结霜，抓紧秋翻蓄好墒，

防冻日消灌冬水，脱粒晒谷修粮仓。

1. 经果

◆**花果管理：** 继续抓好早熟柑橘品种采收和果实管理工作，控制晚秋梢抽发；搞好落叶果树保叶工作，延长叶子寿命，推迟落叶时间。

◆**病虫防治：** 继续拣摘虫果，防治柑橘果实蝇，防治枇杷花腐病。

◆**施肥：** 继续抓好果树秋肥施用工作，对草莓进行打药、除蔓、摘花等。

2. 肉兔

本月是农作物收获的季节，必须抓紧将农作物秸秆和较老的牧草收割、晒干、贮存，如山芋藤、花生藤、黄豆秆、玉米秆等,这些均是优良兔饲料,届时粉粹后掺入精料制成颗粒喂兔,胜过稻壳糠、稻草粉若干倍。

3. 蜜蜂

霜降一到变了天，野菊遍地满山开；温度好时可抽取，少取多留好越冬。蜜多、粉足的季节要居安思危，繁好越冬子，只有强群过冬，来年的群势才会欣欣向荣。

4. 水产

此时，建议进行最后一次杀虫消毒，先杀虫后消毒。

5. 家禽

天气已转冷，在搞好保温的前提下，要注意通风换气。

6. 家畜

对猪舍内的粪便要定时清理，防止氨气污染空气。在秋季传统养猪场的工作人员的工作量会持续增大，养猪日用品消耗也会有所增加，除非养猪场使用的是发酵床养猪。发酵床自身的工作热能能够为仔猪提供热量，并且能够及时清理粪便，既节省很多人工成本，又能预防猪感冒等疾病。

十九 立冬

LI DONG

11月7日或8日

立冬地冻白天消，羊只牲畜圈修牢；

培田整地修渠道，农田建设掀高潮。

1. 经果

◆**花果管理：**抓好柑橘早熟品种的管理工作，防止采前落果，对柑橘晚熟品种采用保果措施。对桃树、李树、梨树、葡萄做好保叶工作；做好草莓等管护工作。

◆**病虫防治：**用吡唑嘧菌酯等防治枇杷花腐病。

2. 肉兔

从本月起，应增加兔子每天的饲料量，最好比秋季多五分之一的量，并在晚间九时左右加喂。本月可割黑麦草第一刀，注意开始饲喂时要限量，每只兔不要超过200克，避免引起拉稀。

3. 蜜蜂

立冬到来地封严，巢门尽量东南边；加宽蜂路易结团，养精蓄锐为明年。北方已经下雪了，南方还是很暖和，蜂群采野菊花蜜后一样能继续繁出一些新子，适当地缩脾对蜂群的生长有利。

4. 水产

立冬后日照时间将继续缩短，此时水底温度高于水面温度，鱼在水底活动可减少鱼的能量消耗。

5. 家禽

禽舍地面应保持清洁干燥，应及时清扫鸡舍粪便，要特别注意防止二氧化碳、氨气等在鸡舍内的积蓄。

6. 家畜

早晚温差大，注意畜舍的保暖，此时草已枯，羊开始消瘦，注意做到“树叶黄，不放羊”，留好种用羊，将多余的羊出售。开放式猪舍应搭建塑料保温棚，封堵窗户及多余的通风口，在门口挂上棉帘、草帘。

二十

小雪

XIAO XUE

11月22日或23日

小雪地封初雪飘，幼树葡萄快埋好，

利用冬闲积肥料，庄稼没肥瞎胡闹。

1. 经果

◆**施肥**：对柑橘中、晚熟品种增施肥料，特别是有机肥，提高品质。

◆**花果管理**：对柑橘树喷施保果药，给树冠盖薄膜以保温，防止低温冻害而落果，准备冬季管理。

2. 肉兔

本季节后代兔参差不齐，早配的母兔所产仔兔已断奶；由于公兔精液问题造成母兔第一次不受胎，以后又重新交配而受胎的，本月正产仔，因此本月提高仔兔、幼兔成活率的任务非常重。

3. 蜜蜂

小雪气温有波动，蜂群有时不安静；管理工作抓七桩，干净病害温湿光。初冬时冷时暖，巢门要尽量向东南边，只能向西边是无奈之举，向北就能避免则避免。这时用旧脾比新脾好，王也喜欢在半新不旧的脾上产卵。

4. 水产

气温下降，鱼类食量开始下降，应留意观察饵料吃食的剩余情况，减少投喂量。

5. 家禽

进入 11 月后，为使鸡群有较高的产蛋率，在保温、光照管理、饲料供应上要充分满足鸡群需要，饮用水温度也应与舍温相近。

6. 家畜

加强幼畜的饲养管理，提高成活率。羊要圈养，少走，适当运动，运动不可过量，防止羊消耗过多体力。防治感冒，避免引发肺炎。清洁环境，勤打扫舍内粪便，加强通风，降低舍内湿度，减少有害气体。

二十一 大雪

DA XUE

12 月 6 日、7 日或 8 日

大雪飘飘兆丰年，多种经营创高产，

及时耙耘保好墒，多积肥料找肥源。

1. 经果

◆**管理：**抓好柑橘中熟品种的前期采收工作，对柑橘晚熟品种喷施保果药，盖薄膜保果，准备冬季管理。

2. 肉兔

本季节气候常突变，易使家兔感冒、发生 α 型魏氏梭菌下痢病和疥癣病，必须重视防治工作。

3. 蜜蜂

大雪封天气温寒，天寒地冻蜜源断；补箱垫草要防寒，加强管理要周全。准备防寒保暖措施。

4. 水产

此阶段，气温下降，可以不喂饲料或少量投喂，一般在晴天中午时可投喂一次。

5. 家禽

此时天气已完全进入冬季，天寒地冻，昼夜温差较大。对鸡群为害最重的寒流侵袭，常易引起感冒、慢性喉炎等呼吸道疾病。

6. 家畜

在大雪节气，猪牛羊养殖工作重点是避免寒气的入侵，猪的长速开始放缓，毛开始长粗以抵御寒冷。寒邪一般为冬的主气，寒邪伤表，则会引起肢蹄疼痛，所以冬季较为常见的疾病是肢蹄病。饲喂营养全面的高品质日粮，应尽量饲喂干粉料，或采用温热水拌料饲喂，有条件的应提供清洁的温水供猪饮用，夜间还应增喂夜食。

二十二 冬至

DONG ZHI

12 月 21 日、22 日或 23 日

冬至严寒数九天，羊只牲畜要防寒，

积极参加夜技校，增产丰收靠科研。

1. 经果

◆**修剪整形：**果树冬季整形修剪，从冬至开始，立春前完成（常绿果树在果树休眠后进行，落叶果树在果树落叶后进行），以重剪为主，对大枝进行短截和疏剪，剪去重叠枝、病虫枝，调整树形，改善树冠结构，合理配置枝条。对修剪完的伤口要进行药剂处理，避免感染而影响结果。

◆**清园：**清理果园背沟、腰沟，完善排水沟建设；土壤中耕 20 厘米左右。将修剪后的枝条集中烧毁或埋入果园土壤中做肥料。对受损伤的果树根系进行客土，把倾斜的果树扶正。

◆**施肥：**果园中耕松土、培土，施渣肥等有机肥，培肥土壤。

2. 肉兔

冬季的幼兔生长比春季、秋季慢，此时应该勤晒太阳来促进生长，方法是用金属网或丝网栏做成一个一个的小运动场，将兔子分别在上午九点至下午三点的这个时间段里放在其中活动，通过晒太阳帮助幼兔吸收钙质，促进生长；种公兔通过晒太阳和运动，性欲提高，精子活力强；种母兔勤照太阳也能恢复产后体质，为下一阶段怀孕产仔做准备。

3. 蜜蜂

冬至季节到元旦，全年工作告一段；总结经验要认真，研究措施好整改。留足基本够蜂群消耗的粉蜜，同时收缩巢脾，5~7 脾收缩成 4 脾，4 脾收缩成 2~3 脾，蜜蜂集中是保温的关键。

4. 水产

冬至过后开始“进九”，此时，可以不喂饲料或少量投喂，一般在晴天中午时可投喂一次。

5. 家禽

此月要注意搞好御寒保暖工作，日粮中应增加能量饲料比例，加大饲喂量。要定期饲喂禽菌灵、喹诺酮类药物进行预防。这些管理措施对保持高产蛋率都有好处。

6. 家畜

霜打后落下的刺槐叶是好饲草，要多储存，每只羊要储存 40 公斤越冬草，加紧对羊补料，特别是怀孕母羊。

二十三 小寒

XIAO HAN

1月5日、6日或7日

小寒进入三九天，丰收致富庆元旦，

冬季参加培训班，不断总结新经验。

1. 经果

管理内容同冬至相同。继续果树的冬季管理工作：修剪整形、清园及施肥。

2. 肉兔

一年之计在于春，如果春天没有小兔子就会影响全年的收入，为使上半年母兔繁殖三胎，本月应积极搞好冬配。

3. 蜜蜂

小寒进入数九天，箱外观察少察看；修理蜂具别消闲，自力更生少花钱。气温较低，防寒保温。

4. 水产

此时，可以不喂饲料或少量投喂，一般在晴天中午时可投喂一次。

5. 家禽

小寒是一年中较冷的月份，鸡饲养中应适当增加玉米等能量饲料的比例，以增强鸡体抗寒能力。

6. 家畜

提高温度。用热风炉、煤炉、暖气等设备提供热源，提高舍温。适当增加饲养密度，靠猪群自身温度的散发来提高舍温（适用于育肥猪）。对初生仔猪，使用供暖设备保持产房温度为 22 ~ 25 ℃，保育箱温度应为 33 ~ 35 ℃。如使用煤炭燃料供暖，应避免一氧化碳中毒。要在临产母羊睡前将其赶到屋中，防止羊羔产下后被冻死；及时淘汰不能做种的公羊，以便节草节料。

二十四

大寒

DA HAN

1月20日或21日

大寒虽冷农户欢，富民政策夸不完，

联产承包继续干，欢欢喜喜过个年。

1. 经果

◆**清园**：对修剪完毕的果园喷施清园药；对冬季未挂果的果园喷施3~5波美度的石硫合剂清园，对挂有果实的果园喷施清园剂或机油乳剂清园，全园喷施一次。

树干刷白，用水+生石灰+石硫合剂+食盐+食用油[10：（2~3）：1：（0.3~0.5）：0.1]。

◆**施肥**：果园培土，施渣肥等有机肥，培肥土壤。

2. 肉兔

冬季是兔瘟、兔巴氏杆菌病、兔波氏杆菌病的高发期，前期防疫已快到重新注射时间的，应该及时防疫或加强免疫。特别是巴、波二联苗要多注射一次。

3. 蜜蜂

越冬防寒保暖工作做好后，要保持安静，不要经常开箱检查。但是，每隔十天左右要仔细观察巢门，用细铁丝钩把箱底死蜂掏出，防止堵住蜂箱门。

4. 水产

鱼类很少吃食，可以不喂饲料或少量投喂，一般在晴天中午时可投喂一次。

5. 家禽

在管理上，要注意鸡舍保温，尽量使鸡舍气温维持在 10 ℃以上，同时也要兼顾通风换气。在每天午间气温高时打开门窗，以排出有害气体。另外要注意光照时间，产蛋鸡应每天 5 时开灯，21 时关灯，使光照时间不少于 16 个小时。

6. 家畜

冬季天气寒冷，不可喂冷食，应把猪食温热一下（以不烫嘴舌为度）再喂猪。喂猪时要等猪吃完一勺猪食后再添一勺猪食，不要把猪食倒满食槽，以免剩猪食结冰。做到定时定量，以不剩食为好。圈内（尤其是卧处）粪便要及时清理，保持干净卫生，同时亦保暖。

第二部分

蔬菜篇

以重庆市綦江区为例，海拔从200多米到1 800多米，立体气候明显，同一个蔬菜品种，在不同的地方种植，其播种时间和收获时间相差甚大，所以每个月播种什么，定植什么，收获什么不能一概而论。不过对于旱地蔬菜的种植来说，不管是高海拔街镇还是低海拔街镇，选择优良品种、深沟高厢、设施栽培、调整密度、肥水管理、中微量肥应用、人工授粉、中耕除草等技术操作，是达到优质安全的重要措施。

一、一月节气为小寒和大寒

“小寒大寒，冷成一团。”这是一年中最冷的时节，对蔬菜栽培影响最大的因素是低温、寡日照，田间农事栽培包括：

1. 播种育苗：“苗壮一半收”，利用大棚、温室、多层覆盖、电热温床等设施设备，提前进行茄果类、瓜类等育苗工作，有利于早春蔬菜抢早市，获得较高收益。番茄、辣椒、茄子已在上年10—12月育苗的，做好苗期病害、冻害防治工作。开始瓜类（如黄瓜、西葫芦、丝瓜等）育苗工作，应选耐低温、耐弱光能力较强的品种。建议育苗前铺好地热线等加温设施，做到有备无患，防强寒流天气，必要时加温。有条件的，育苗前应进行种子、土壤消毒工作，可用广谱性的杀菌剂、杀虫剂进行焖棚等前处理。

2. 定植工作：大量播种洋芋，少量定植莴笋、莲白、花菜、芹菜。

3. 田间管理：进行冬季深翻炕土、有机肥的堆沤，准备年后播种的瓜类、豆类等蔬菜种子。1 月多是低温寡日照天气，提倡用粉尘剂与烟雾剂防治病虫害，尽量不用喷雾法施药，以降低棚内湿度。

4. 病虫害防治：用甲霜·锰锌、霜脲·锰锌，每 7~10 天叶面叶背喷雾一次，共 2~3 次，防治莴笋、瓢儿菜、花菜、甘蓝、芥菜的霜霉病。

二、二月节气为立春和雨水

“一年之计在于春”， 中国一直以立春作为春季的开始，气温、日照、降雨常处于一年中的转折点，趋于上升或增多。

1. 播种育苗：少量播种豆类、瓜类、春莴笋、春萝卜等；茄果类、瓜类如在大棚里进行育苗，可运用大棚 + 平层膜进行；露天育苗必须利用小拱棚 + 平层膜进行。已出苗的要预防病害，晴好天气敞棚炼苗，但也要及时盖膜增温。

2. 定植工作：大棚 + 平层膜，或者小拱棚 + 平层膜里定植茄果类、瓜类。

3. 田间管理：注意防冻、防病虫害；整地开厢，施基肥，做好定植准备工作。

4. 病虫害防治：用 64%噁霜·锰锌可湿性粉剂 500 倍液，

或 72.2% 霜霉威盐酸盐水剂 1 000 倍液喷雾，防治茄果类蔬菜幼苗猝倒病、立枯病；可用 50% 腐霉利可湿性粉剂 2 000 倍液，或 50% 异菌脲可湿性粉剂 1 000 倍液喷雾，防治灰霉病。

三、三月节气为惊蛰和春分

本月气温回升较快，然而时有小股冷空气入侵，气温会突然下降。对于育苗者，此期要特别注意“倒春寒”导致的低温寒害及育苗棚内中午高温造成的烧苗现象。

1. 播种育苗：播种豆类蔬菜、瓜类蔬菜、春莴笋、春萝卜、木耳菜、苋菜、瓢儿菜、莲藕等；茄果类蔬菜、瓜类蔬菜、芋头及生姜如在大棚里进行育苗，可运用大棚 + 平层膜进行；露天育苗必须利用小拱棚 + 平层膜进行。对已出苗的要预防病害，晴好天气必须每天敞棚炼苗 10 分钟。

2. 定植工作：在大棚 + 平层膜，或者小拱棚 + 平层膜里定植茄果类蔬菜、瓜类蔬菜、豆类蔬菜、藤菜等大春蔬菜。

3. 田间管理：注意防冻、防病虫害；淡粪水提苗管理；整地开厢，结合施基肥、覆膜，准备好抢早市的茄果类蔬菜、瓜类蔬菜、豆类蔬菜的定植工作。

4. 病虫害防治：用 64% 噁霜·锰锌可湿性粉剂 500 倍液，或 72.2% 霜霉威盐酸盐水剂 1 000 倍液喷雾，防治瓜类蔬菜幼苗猝倒病、立枯病和茄果类蔬菜早疫病、晚疫病；用 50% 腐霉利可湿性粉剂 2 000 倍液，或 50% 异菌脲可湿性粉剂 1 000 倍液喷雾，防治茄果类蔬菜灰霉病；用 10% 吡虫啉可湿性粉剂防治蚜虫。

四、四月节气为清明和谷雨

“清明断雪，谷雨断霜。”本月气候温暖，是播种移苗、栽瓜点豆的最佳时节。谷雨意味着寒潮天气基本结束，气温回升加快，大大有利于作物的生长。但冷空气仍有一定势力，冷暖多变。这个月蔬菜开始较多发病，要贯彻“防病胜于治病”的原则。地下害虫也开始活动，注意防治。

1. 播种育苗：注意大棚、小拱棚内寒潮死苗和高温烧苗。晚上、降温天气仍然要将大棚、小拱棚的膜盖上，注意保温；除下雨天外，每天都要通风透气 10 分钟以上；遇到 25 ℃以上晴好天气，注意高温烧苗。四月上旬加强茄果类蔬菜、瓜类蔬菜、豆类蔬菜等瓜果蔬菜，木耳菜、旱藤菜、苋菜、水藤菜、春莴笋等速生菜的田间提苗管理。露地蔬菜种植方面，大量播种莲藕、豆类蔬菜。

2. 定植工作：大量定植藤菜、生姜、芋头、瓜类蔬菜、茄果类蔬菜。

3. 田间管理：保花保果。为了防止番茄、茄子、丝瓜、早南瓜落花落果，应合理使用 2，4-D（点花）和防落素（喷花序）；对南瓜、丝瓜、瓠瓜等可进行人工辅助授粉；对番茄、黄瓜、丝瓜、南瓜、西瓜等要及时进行整枝与绑蔓、摘除老叶与病叶、摘除畸形果及疏果，利于提高着果率和果实商品性与产量；茄果类蔬菜、瓜类蔬菜等大多属于多次采收的蔬菜，这些蔬菜进入开花结果盛期，需肥量较大，故在采收果实以后应追施稀薄的人粪尿加复合肥（破膜、穴施）。结合病虫害防治进行根外追肥，在药液中加 0.2% 磷酸二氢钾或其他叶面肥进行喷雾；对黄瓜、瓠瓜、南瓜等瓜类蔬菜的根瓜，要适当提前采收，利于上部着果与果实生长。

4. 病虫害防治：蚜虫和斑潜蝇是防治的重点。对茄果类蔬菜以防治烟青虫（俗称“钻心虫”）、棉铃虫为主，对豆类蔬菜以防治豆荚野螟为主，对瓜类蔬菜以防治瓜实蝇为主。对茄果类蔬菜要注意灰霉病的防治，对瓜类蔬菜要注意白粉病的防治。在初花期防治虫害，在初发期防治病害，每 7 天左右施药一次，共 2~3 次。

五、五月节气为立夏和小满

立夏小满农事忙，晴天抢收，雨天抢栽。本月气候宜人，大量进行茄果类蔬菜、瓜类蔬菜等的移栽及田间管理。

1. 播种育苗：可以直播的蔬菜有四季豆、豇豆、黄瓜。

2. 定植工作：大量定植加工型辣椒及藤菜。

3. 田间管理：对早期移栽定植的瓜类蔬菜、豆类蔬菜、茄果类蔬菜，及时进行引蔓整枝，第一茬瓜果要及早采收。注意防治小白菜、瓢儿菜、木耳菜等叶类蔬菜霜霉病，茄果类蔬菜疫病、病毒病；高发期，要加强田间管理，包括科学施肥、深沟高畦、预防积水、及时通风，发病后及时拔除病株并带出田外销毁。

4. 病虫害防治：对辣椒疫病、番茄早疫病、番茄晚疫病用 72.2% 霜霉威盐酸盐水剂 600~1 000 倍液或 64% 噁霜·锰锌可湿性粉剂 300~400 倍液喷雾或 72% 霜脲·锰锌可湿粉剂 600~1 000 倍液进行防治。

六、六月节气为芒种和夏至

“芒种夏至天，走路要人牵。”芒种后进入初夏梅雨季节，雨量充沛，气温显著升高。蔬菜生长旺盛，杂草、病虫迅速滋长蔓延，同时要注意雨量过多带来的涝害。芒种至夏至这半个月是秋熟作物播种、移栽、苗期管理时期。

1. 播种育苗：可以直播种植的蔬菜有四季豆、豇豆、黄瓜、丝瓜；需要育苗的蔬菜有大白菜、莲白、花菜、芹菜。

2. 定植工作：可定植的蔬菜有白菜类蔬菜、莴笋、藤菜、大葱、瓜类蔬菜、茄果类蔬菜。

3. 田间管理：深沟高厢、排水四通八达、适时整枝、绑蔓与疏果、摘除老叶与病叶、摘除畸形果，利于提高着果率和果实商品性与产量；茄果类蔬菜、瓜类蔬菜等大多属于多次采收的蔬菜，这些蔬菜进入开花结果盛期，需肥量较大，采收果实以后应追施稀薄的人粪尿加复合肥（破膜、穴施）；结合病虫害防治进行根外追肥，在药液中加 0.2% 磷酸二氢钾或其他叶面肥进行喷雾。

4. 病虫害防治：红蜘蛛是防治的重点。对茄果类蔬菜以防治烟青虫、棉铃虫为主，对豆类蔬菜以防治豆荚野螟为主，对瓜类蔬菜以防治瓜实蝇为主。对茄果类蔬菜要注意晚疫病、青枯病的防治，对瓜类蔬菜要注意白粉病、枯萎病、霜霉病的防治，对豆类蔬菜要注意锈病、枯萎病的防治。虫害防治重在初花期，病害防治重在初发期，施药防治，每 7 天左右一次，共 2~3 次。

七、七月节气为小暑和大暑

“小暑大暑，上蒸下煮。”本月天气多变，暴雨增多，多连晴高温天气，常有大风、冰雹灾害出现，注意蓄水抗旱、防暴防洪。

1. 播种育苗：低海拔的地方可继续直播种植四季豆、豇豆、黄瓜，但要选择生长期短、抗热的品种；高海拔的地方开始播种热白萝卜、白粉团萝卜、胡萝卜；利用大棚、小拱棚、遮阳网等设施进行大白菜、莲白、花菜、芹菜的育苗。重点工作是防暴雨冲刷、防高温伏旱。

2. 定植工作：可定植的蔬菜有白菜类蔬菜、花菜、莴笋、黄瓜。

3. 田间管理：定植作物要深沟高厢、排水四通八达。最好用遮阳网覆盖栽培早秋蔬菜，采用黑色地膜覆盖栽培秋季茄果类蔬菜、瓜类蔬菜，保水保肥，减少干旱；追肥应以淡粪水为主。茄果类蔬菜、瓜类蔬菜后期应追施稀薄的人粪尿加复合肥（破膜、穴施）。结合病虫害防治进行根外追肥，在药液中加 0.2% 磷酸二氢钾或其他叶面肥进行喷雾。

4. 病虫害防治：关于病毒病，以种子消毒、防治蚜虫和蓟马等预防，发病时用病毒 A、植病灵等防治；关于疫病，以种子消毒、深沟高厢栽培等预防，发病时用精甲霜·锰锌、嘧菌酯、烯酰·吡唑酯等防治；红蜘蛛是防治的重点。红蜘蛛、白蜘蛛、茶黄螨发生初期用炔螨特、阿维·哒螨灵、甲维盐防治 ；烟青虫在现蕾初花期用甲维盐、高效氯氰菊酯防治；对蚜虫进行统防统治，在发生初期用吡虫啉、联苯菊酯、噻虫嗪防治 。

八、八月节气为立秋和处暑

进入立秋时节，由于持续高温，日照强烈，伏秋连旱，间有暴雨，对菜田管理的要求特别严格，要特别加强蔬菜的抗旱、防涝、追肥、中耕除草、保花保果及防治病虫害等工作。

1. 播种育苗：充分利用各种设施，如棚架、遮阳网等，播种热白萝卜、白粉团萝卜、草苑萝卜、洋芋、菠菜、冬寒菜；进行大白菜、莲白、花菜、芹菜、芥菜、儿菜等育苗。

2. 定植工作：定植莲白、大白菜、花菜、芹菜、莴笋、茄果类蔬菜、瓜类蔬菜。

3. 田间管理：抓住有利时机，管好田间秋菜。注意抗旱保苗，采用遮阳网覆盖栽培，勤施薄施追肥，叶面喷施 0.2% 磷酸二氢钾抗旱保苗。

4. 病虫害防治：对茄果类蔬菜以防治红蜘蛛为主，对豆类蔬菜以防治豆荚野螟为主，对瓜类蔬菜以防治瓜实蝇为主，对十字花科蔬菜以防治小菜蛾、斜纹夜蛾、甘蓝夜蛾为主。病害方面，要注意茄果类蔬菜日灼病的防治，要注意瓜类蔬菜枯萎病的防治，要注意豆类蔬菜锈病的防治。虫害防治最好在早晚施药。

九、九月节气为白露和秋分

白露秋分夜，一夜凉一夜。本月，天气转凉，第一场秋雨往往可以缓解前期的缺水情况，但是冷暖空气势均力敌时，往往出现连阴雨天气。

1. **播种育苗**：播种草莞萝卜、春不老萝卜、洋芋、菠菜、冬寒菜；进行大白菜、莲白、花菜、芹菜、芥菜、儿菜育苗。

2. **定植工作**：定植莲白、大白菜、花菜、榨菜、儿菜、莴笋、芹菜、大葱、大蒜。

3. **田间管理**：做好秋菜的田间管理。

4. **病虫害防治**：在九月上中旬，对秋番茄、辣椒、茄子用64%噁霜·锰锌可湿性粉剂500倍液，或58%甲霜·锰锌可湿性粉剂500倍液，或72.2%霜霉威盐酸盐水剂1 000倍液喷雾植株防治疫病；用BT乳剂300倍液或用2.5%溴氰菊酯防治烟青虫、棉铃虫；红蜘蛛、白蜘蛛发生初期可用阿维菌素或甲维盐或炔螨特防治；丝瓜在幼瓜期用48%毒死蜱乳油1 000倍液喷雾防治瓜实蝇；用58%甲霜·锰锌可湿性粉剂1 000倍液或64%噁霜·锰锌超微可湿性粉剂1 000倍液等喷雾防治霜霉病。

十、十月节气为寒露和霜降

“寒露霜降节，紧风就是雪。”本月气温继续下降。因地制宜采取深沟高厢等各种有效的耕作措施，减轻湿害，提高播种质量是关键。

1. **播种育苗**：播种春不老萝卜、菠菜、冬寒菜；利用大棚等设施设备，开始进行茄果类蔬菜越冬苗播种。

2. **定植工作**：芥菜类蔬菜（榨菜、儿菜、棒菜、宽柄芥等）、大白菜、花菜、莲白、芹菜、大葱的定植。

3. **田间管理**：加强田间茄果类蔬菜、瓜类蔬菜、莴笋等的肥水管理。

4. 病虫害防治：用40%乐果乳油或50%灭蚜净乳油或10%吡虫啉可湿性粉剂（蚜虱净、大功臣）1 500~2 000倍液喷雾防治蚜虫，用10%病毒王可湿性粉剂500倍液或1.5%植病灵乳剂1 000倍液等防治因蚜虫传播的病毒病。选用64%噁霜·锰锌可湿性粉剂500倍液，或72.2%霜霉威盐酸盐水剂1 000倍液喷雾植株防治晚疫病；用58%甲霜·锰锌可湿性粉剂500倍液，或霜脲·锰锌1 000倍液，7~10天叶面叶背喷雾一次防治霜霉病，共2~3次。

十一、十一月节气为立冬和小雪

“立冬不砍菜，就要受冻害。”本月寒冷的冬季已经开始，气温将逐渐下降，水温变低，有寒潮和大幅度降温。

1. 播种育苗：大棚内茄果类蔬菜育苗管理，晴好天气敞棚降低棚内温度。

2. 定植工作：定植大白菜、花菜、榨菜、莴笋、芹菜、大葱。本芹亩栽3万株，西芹亩栽1.5万株。

3. 田间管理：对露地种植的喜温蔬菜已经结束拉秧清园工作，对半耐寒的蔬菜要抓住时机，做好收获前的管理；耐寒蔬菜，如果面积不够仍可补种。重施中、晚熟甘蓝，大白菜的抱心肥，花菜的促花肥，在花菜是小花球时摘叶盖花并适时采收。

4. 病虫害防治：用64%噁霜·锰锌可湿性粉剂500倍液，或72.2%霜霉威盐酸盐水剂1 000倍液喷雾，防治茄果类蔬菜幼苗猝倒病、立枯病；可用50%腐霉利可湿性粉剂2 000倍液，或50%异菌脲可湿性粉剂1 000倍液喷雾，防治灰霉病。

十二、十二月节气为大雪和冬至

“瑞雪兆丰年。”本月已进入寒冷的冬季。12月的工作集中在育苗棚的管理上，注意温度、湿度的控制。

1. 播种育苗：洋芋播种；早熟甘蓝、菜花苗于12月中下旬在拱棚内或阳畦内播种育苗；加强茄果类蔬菜冬季苗期管理，排湿、炼苗、保温、防病 。

2. 定植工作：定植春花菜、春甘蓝、越冬莴笋、越冬瓢儿菜、春芹菜。

3. 田间管理：重施晚熟甘蓝、大白菜的抱心肥，花菜的促花肥，在花菜是小花球时摘叶盖花并适时采收；下旬开始进行冬季深翻炕土，储备有机肥，准备明年瓜类蔬菜、豆类蔬菜等的种子。

4. 病虫害防治：用58%甲霜·锰锌可湿性粉剂500倍液，或霜脲·锰锌1 000倍液，每7~10天叶面叶背喷雾一次，共2~3次，防治莴笋、瓢儿菜、花菜、甘蓝、芥菜的霜霉病。

第三部分

植物病虫害

一、油菜病害

雨水

每年的 2 月 18 日、19 日或 20 日

油菜菌核病

油菜霜霉病

1. 防治技术

（1）农艺措施。

及时清除发病严重的植株、田间老黄脚叶，清除田间杂草，清沟排水，降低田间湿度，在油菜蕾苔期适当增施硼肥，防止开花结荚期徒长、倒伏或脱肥早衰。

（2）化学防治。

于盛花期（主茎开花枝率达 95% 以上）施药 1 次，重发区于始花期和盛花期各施药 1 次，实施专业化统防统治。

2. 推荐药剂

（1）防治油菜菌核病，用咪鲜胺乳油或腐霉利可湿性粉

剂或菌核净可湿性粉剂等。

（2）防治油菜霜霉病，用甲霜·锰锌可湿性粉剂或嘧菌酯水分散粒剂或烯酰吗啉水分散粒剂或代森锰锌可湿性粉剂等。

化学防治要求达标防治，油菜菌核病、霜霉病防治指标为开花期病株率达 10%。

注意：选择以上药剂时，建议选用高含量制剂，并严格按照农药标签标注的用量使用，不得任意加大用量。注意施药时间，要严格遵守农药使用安全间隔期。施药时间应选择晴天傍晚，早上露水未干、中午空气干燥和刮大风的天气不宜喷施。喷施后 6 小时内如遇降雨，应重新喷施。

二、柑橘红蜘蛛

春分

每年的 3 月 20 日或 21 日

柑橘红蜘蛛

柑橘红蜘蛛以卵或成螨在柑橘叶背面或枝条芽缝中越冬，每年 3 月开始活动，迁移至春梢上为害，发育和繁殖的适宜温度为 20~30℃，最适温度为 25℃。4—5 月春梢抽发期，营养丰富，大量红蜘蛛从老梢上迁移至新梢嫩叶上为害；6—8 月由于酷热多雨，不利于其生长、繁殖，且大雨会冲刷部分成螨，加上天敌的控制，虫口明显减少。9—10 月，为害秋梢。有趋嫩绿性，当新梢长出后，老叶上的害螨向新梢转移。

1. 防治指标

柑橘红蜘蛛化学防治指标为 5~8 头 / 叶。

2. 防治技术

（1）肥水管理。增施有机肥，减少氮肥的使用，增强树势，提高植株抗病能力，在高温干旱季节，及时开穴浇水，补充植物所需水分。

（2）冬季清园。加强冬季和夏季修剪，可用石硫合剂清园，刮除翘皮，清除枝干上的枯叶，打扫越冬场所的落叶以及杂草等，降低虫源基数。

（3）保护和利用天敌。柑橘红蜘蛛的自然天敌种类和数量很多，主要有深点食螨瓢虫、束管食螨瓢虫、异色瓢虫、大草蛉、小草蛉、小花蝽、植绥螨等，它们对控制害虫种群数量起到积极作用。

（4）化学防治。推荐药剂为哒螨灵、炔螨特、螺螨酯、阿维菌素等杀螨剂，高虫量果园建议连续施药 2 次，间隔 7~10 天。

注意：选择化学农药时，建议选用高含量制剂，并严格按照农药标签标注的用量使用，不得任意加大用量。施药时间应选择晴天傍晚，早上露水未干、中午空气干燥和刮大风的天气不宜喷施，施药时喷雾要均匀。

三、水稻烂秧死苗

清明

每年的4月4日、5日或6日

水稻病害

水稻苗期常见病害主要包括水稻苗期生理性病害和水稻苗期侵染性病害，均可造成水稻烂种、烂芽、死苗。水稻苗期生理性病害主要指水稻生理性烂秧病和营养性障碍；水稻苗期侵染性病害主要有疫霉病、立枯病、稻瘟病、恶苗病、绵腐病和腐败病等。由于近期气温偏低，雨水较多，湿度大，影响水稻秧苗生长，易发生立枯病，要抢晴天施药防治。

1. 生理性病害

◆**发病症状**：

生理性烂秧可分：（1）烂种。播种后，种子尚未发芽就腐烂了。（2）烂芽。芽谷下田后，尚未转青就死亡，幼根、幼芽发生卷曲，并逐渐呈黄褐色，生长停止；严重时，幼根腐烂，幼芽变褐枯死，或下弯呈钩状。受害较轻者，在天气转暖后，幼芽基部又出现绿色，重新长出新叶。有的播种后1～2周，种壳及种根表面变黑，周围土壤变黑并有强烈臭味。（3）烂苗。多发生在2~3叶期，指秧苗在受低温冻害后，受害严重者，一旦天气暴晴，先是心叶呈筒状卷曲，逐渐基部呈淡绿色，叶色较青，最后萎蔫死亡，出现青枯死苗；受害轻者，从叶尖到基部，从老叶到嫩叶逐步变黄，最后呈黄枯死苗。

◆发病原因：

低温缺氧、冷后暴晴和温差过大是引起烂秧的主要原因。由低温缺氧引起的，为幼芽卷曲变黄褐色至褐色，幼根变黑；由盐碱害引起的烂秧为芽尖有盐霜；由风害引起的烂秧为芽尖吹干黄萎。生理烂芽是种子在贮藏期受潮，或在浸种过程中，温度掌握不好，使种子受热或过冷造成的，或播种落粒太深，或深水淹灌，幼芽缺氧窒息。生理烂秧主要是低温袭击或阴雨后暴晴升温太快所造成的。

◆防治方法：

以提高育秧技术（用软盘育苗或旱育苗代替水育苗），改善环境条件，加强田间管理，增强幼苗的抵抗能力，减少发病因素为原则。（1）选择抗逆性强的品种。（2）提高秧田质量。选背风向阳、土质好、平整、灌溉方便的地块做秧田；施足彻底腐熟的有机肥做基肥，提高土壤通透性。碱性土壤注意用硫黄或壮秧剂调酸，并尽量不用尿素做底肥。（3）播种前晒种浸种。（4）适时播种。抢寒流尾暖头播种，播种要均不要过密，注意覆膜保温保湿。（5）科学管水。前期湿润灌水，中期（现青到3叶期）浅水保湿，后期（3叶后）浅水勤灌。遇大风降温天气，深水护秧，寒流过后立即排水。（6）加强管理。盖膜秧田揭膜不要太快，秧苗2叶1针或3叶1针时，遇晴天的中午要把拱膜的一端或两端揭开通风降温，下雨天或早晚温度低时再覆膜保暖，后期注意适时通风炼苗。

2. 营养性障碍

◆发病症状：

（1）缺锌。在苗期发现心叶基部和叶脉失绿褪色，叶片中间出现椭圆形棕色小斑点，甚至新叶呈黄白色，苗根黄多白少，植株长势差，则说明秧苗缺锌。

（2）缺钾。水稻苗期缺钾表现为秧苗矮小、瘦弱、呈暗绿色，有时叶片出现淡紫色，基部叶片尖端和叶缘发生红褐色小斑点。主根和分枝根均短而细弱。严重时叶片自尖端向下逐渐变赤褐色枯死，故称“缺钾型”赤枯死。

◆防治方法：

对苗期缺锌的秧苗叶面喷施 0.1% ~ 0.2% 硫酸锌；对苗期缺钾的秧苗每亩用磷酸二氢钾 100 ~ 150 克，兑水 30 ~ 40 公斤叶面喷雾，间隔 7 天喷 1 次，连喷 2 ~ 3 次。

四、侵染性病害

春分

每年的 3 月 20 日或 21 日

1. 疫霉病

◆发病症状：

（1）主要为害秧苗叶片，秧苗在生长初期遭冻害，又在污水灌溉及长期深灌条件下，在种根、种芽基部颖壳破口处产生乳白色胶状物，逐渐向四周长出放射状白色绵毛状物。感病

水稻疫霉病

初期叶片上产生黄白色圆形或椭圆形斑点，环境适宜时迅速发展，呈灰绿色水渍状不规则条斑，病斑扩大，叶片病部发生纵卷或折倒。在高温条件下，病斑上常产生白色霉层。后期病斑变褐，中间呈灰褐色，有灰白色霉层。一般情况下，该病多造成中、下部叶片枯死；在严重发生时，也可使整株幼苗枯死。

◆防治方法：

（1）秧田轮换。病区年年更换秧田，可减少初次侵染来源，防病效果明显。

（2）加强肥水管理。秧田畦面要平整，防治低处浸水。要浅水勤灌，避免漫灌，适当增施肥料，提高抗病力。

（3）药剂防治。以秧苗3叶期为重点防治对象。药剂可选用50%多菌灵可湿性粉剂1 000倍液，或50%托布津可湿性粉剂1 000倍液进行叶面喷雾。

2. 立枯病

◆**发病症状：**

水稻立枯病

稻苗心叶尖上没有水珠或黄色，把病苗连根拔起后，将根和茎的连接处掰开看，茎的中心变黑就是立枯病。立枯病一般先是心叶不汲水，心叶变黄，严重时整株变黄死亡。

◆**防治方法：**

（1）选择背风向阳，土壤通透性好，地势平坦，排灌方便的育秧地。

（2）对碱性土壤注意用硫黄或壮秧剂调酸，不用尿素做底肥。

（3）播种密度要适度，不要过分密，也不要过分稀。

（4）在秧苗立针期及 2~3 叶期喷施噁霉灵等防治。

3. 苗稻瘟病

◆**发病症状：**

苗稻瘟病

发生于 3 叶前，由种子带菌所致。病苗基部灰黑，上部变褐，卷缩而死，湿度较大时病部产生大量灰黑色霉层，即病原菌分生孢子梗和分生孢子。

◆防治方法：

（1）因地制宜选用适合当地的抗病品种。

（2）搞好播种前种子处理，用温汤或药剂浸种。

（3）药剂防治：抓住关键时期，适时用药。每亩用30%稻瘟灵可湿性粉剂75～110克兑水50公斤喷施。

4. 恶苗病

◆发病症状：

病苗的颜色变为淡黄色，细长，一般高出健苗1/3左右。叶鞘窄长，根系发育不良，根毛减少，分蘖降低。

水稻恶苗病

◆防治方法：

（1）对种子进行包衣处理。

（2）选好育秧地，注意秧田肥水管理。

（3）苗期发病，用噁霉灵或多菌灵喷雾防治。

5. 绵腐病和腐败病

绵腐病

腐败病

◆**发病症状：**

幼芽被害部分初呈乳白色胶状物，后呈黄色绵状物。

◆**防治措施：**

（1）加强预防，选择背风向阳、土质好、排灌方便、田面平整的田块做秧田，精耕细作，用腐熟肥料加洁水灌秧。做到适时播种，培育壮秧，增强抗病能力。

（2）药剂防治以预防为主，在秧苗 1 叶 1 心期，用 65% 敌克松可湿性粉剂 600 倍液预防。始病期用 200 ~ 400 倍液喷雾。也可用 50% 多菌灵可湿性粉剂 800 倍液或 50% 托布津可湿性粉剂 1 000 倍液喷雾。药前排水，药后 2 天内灌水。

五、水稻一代大螟

谷雨

每年的 4 月 19 日、20 日或 21 日

大螟为害造成的枯心苗，蛀孔大、虫粪多，且大部分不在稻茎内，多夹在叶鞘和茎秆之间，受害稻茎的叶片、叶鞘部都变为黄色。

水稻一代大螟

1. 防治时间

海拔 600 米以下地区 4 月下旬至 5 月上旬，海拔 600 米以上地区 5 月中下旬。

2. 防治药剂推荐

（1）20% 氯虫苯甲酰胺悬浮剂。

（2）1% 甲氨基阿维菌素苯甲酸盐乳油。

（3）苏云金杆菌。

常规喷雾或拌毒土，施于水稻心叶或叶鞘内。

六、水稻一代二化螟

立夏

每年的5月5日、6日或7日

水稻一代二化螟

二化螟以四至六龄幼虫在稻桩、稻草、茭白、三棱草等处越冬。到春季在稻桩中越冬的未成熟幼虫，还会爬出转移蛀入麦类、蚕豆、油菜等的茎秆内为害，并在茎秆内化蛹成蛾。初孵幼虫多群集在水稻叶鞘内侧为害，造成枯鞘；二、三龄后分散转至株茎，造成枯心、白穗和虫伤株，一头幼虫能为害8~10株。老熟后在稻茎基部或茎与叶鞘间化蛹。

1. 防治时间

防治适期：二化螟卵孵高峰期或枯鞘丛率8%~10%时或枯鞘株率达3%时为防治关键时期。

在二化螟卵孵高峰期还未移栽的，重点防治秧田，在秧苗移栽前3天左右施药，带药移栽；在二化螟卵孵高峰期已移栽的，主要防治本田。

2. 防治药剂推荐

（1）25% 甲维 · 茚虫威水分散粒剂。

（2）30% 茚虫威悬浮剂。

（3）40% 毒死蜱乳油。

（4）苏云金杆菌。

以上药剂任选一种，常规喷雾或机动喷雾进行防治。

七、一代玉米螟

小满

每年的 5 月 20 日、21 日或 22 日

一代玉米螟

玉米螟的俗名为玉米钻心虫，是玉米生产中比较常见的害虫。在玉米心叶期，玉米螟初孵幼虫在心叶内取食嫩叶，玉米心叶出现花叶和排粪孔。当被害叶展开后，在叶上形成不规则的半透明薄膜状排粪孔，被害严重的叶片支离破碎不能展开，雄穗不能正常抽出；茎秆被害，影响养分运输，玉米易早衰，严重时雌穗发育不良，籽粒不饱满。初孵幼虫可吐丝下垂，随风飘移扩散到邻近植株上。

1. 防治时间

防治适期为玉米“喇叭口期”或田间花叶株率 10% 时期。

2. 防治建议

（1）生物防治：利用毒·蜂杀虫卡（生物导弹）防治玉米螟，亩用6~8枚毒·蜂杀虫卡，在心叶末期释放赤眼蜂2~3次。

（2）生物农药：亩用160 000 IU/毫克苏云金杆菌可湿性粉剂50~100克，拌细沙灌心；或200亿孢子/克球孢白僵菌可分散油悬浮剂40~50克，兑水喷雾。

（3）化学农药：每亩用5%氯虫苯甲酰胺悬浮剂16~20克，兑水喷雾；或40%辛硫磷乳油75~100克，兑水喷雾。

八、稻飞虱

芒种

每年的6月5日、6日或7日

稻飞虱

稻飞虱属同翅目飞虱科，主要为褐飞虱、白背飞虱和灰飞虱，中稻前期以白背飞虱为害为主，后期以褐飞虱为害为主。稻飞虱长翅型成虫均能长距离迁飞，成虫和若虫均群集在稻丛下部茎秆上刺吸汁液，遇惊扰即跳落水面或逃离，趋光性强，且喜趋嫩绿。稻飞虱对水稻的为害，除直接刺吸汁液，使生长受阻，严重时稻丛成团枯萎，甚至全田死秆倒伏外，产卵也会刺伤植株，破坏输导组织，妨碍营养物质运输并传播病毒病。

1. 防治时间

达标防治。稻飞虱防治指标，水稻抽穗前 1 500 头 / 百丛，水稻抽穗后 1 000 头 / 百丛。

2. 防治药剂推荐（亩用量）

（1）70% 吡虫啉 4 克（或 10% 吡虫啉 30 克或 25% 吡虫啉 12 克）+25% 噻嗪酮 60 克。

（2）50% 噻虫嗪 7.5 克。

（3）40% 吡蚜酮 · 异丙威 100 毫升。

（4）42% 噻嗪酮 · 毒死蜱 100 克。

以上 4 个配方任选一种，高虫量田块另加 20% 异丙威 150~200 毫升 / 亩，兑水 60 公斤常规喷雾或者兑水 15 公斤机动喷雾器喷雾。

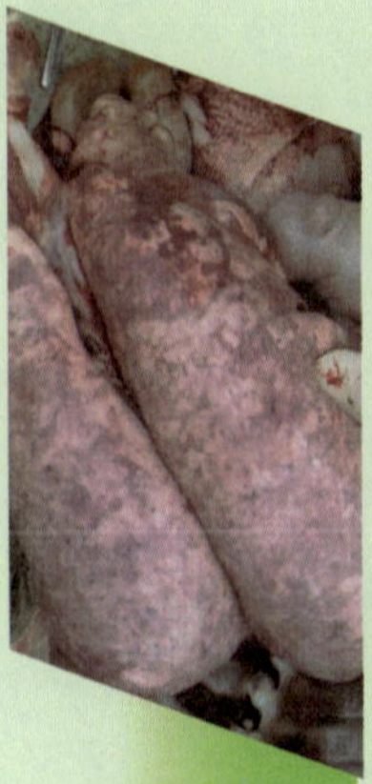

第四部分

动物疫病

一、禽病

1. 禽流感（禽病毒性传染病）

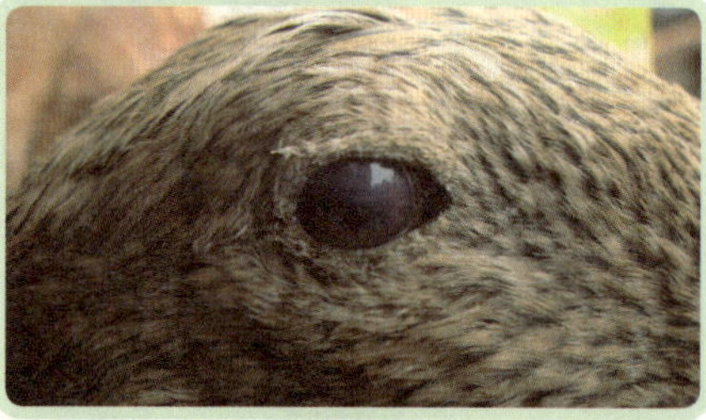

禽流感（鸭）：弱毒或慢性病致成年鸭眼角膜混浊

◆**症状：**体温升高，精神沉郁，羽毛松乱，头部水肿。鸡：冠和肉髯发绀，脚鳞出血。鸭：拉水稀粪，部分出现头部神经症状。

◆**防治：**接种与当地流行毒株相适应的禽流感疫苗进行预防，注射疫苗前后投喂电解多维、黄芪多糖等提高机体免疫应答能力。

2. 鸡新城疫

◆**症状：**垂头呆立，体温升高至 43~44 ℃，呼吸困难，拉稀，倒提有酸臭液体从口内流出。剖检可见腺胃乳头出血，黏膜、浆膜出血，肠黏膜出现“枣核”状溃疡，产蛋鸡输卵管明显出血。

◆**防治：**按免疫程序接种鸡新城疫疫苗。

3. 传染性法氏囊病

◆**症状：**啄肛啄羽，厌食，拉蛋清水样无色或白色稀粪便，两翅下垂，出现昏睡、低头、垂头缩颈现象，出现脱水。法氏囊水肿，明显出血，黏膜皱褶上有出血点或出血斑，水肿液淡粉红色。

◆**防治：**用IBD疫苗免疫接种预防，用法氏囊卵黄抗体进行治疗，病愈后防治球虫和大肠杆菌病。

4. 传染性支气管炎

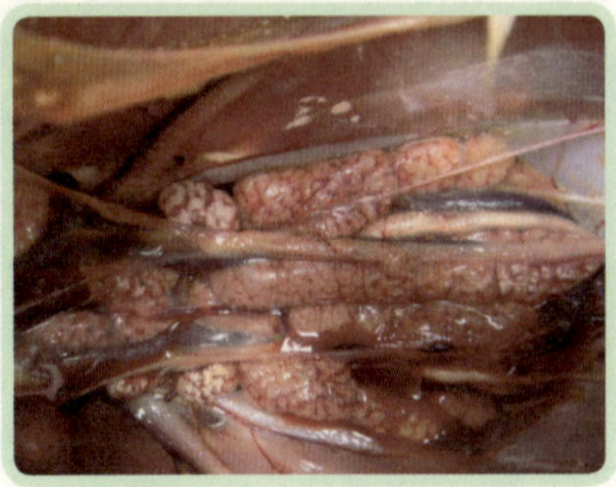

肾型传染性支气管炎：肾肿大、尿酸盐沉积、输卵管充满白色尿酸盐

◆**症状：**结膜炎，鼻腔、鼻窦、咽喉、气管内黏液量增加，呈半透明黏稠样，病程稍长变为干酪样。肾型主要表现为拉白色水样稀粪，剖检肾脏呈“花斑肾”。

◆**防治：**此病无特效疗法，主要通过接种弱毒疫苗或灭活疫苗预防。

5. 鸡传染性喉气管炎

◆**症状：**呼吸道声音异常，张口呼吸，流眼泪，肿脸，流鼻涕，眼睛发红，咳嗽，咯血，气管堵塞窒息，产蛋率下降，蛋壳颜色变浅。喉头点状出血或有干酪样假膜，或整个气管出血，有白色、灰白色、红色等套结。

◆**防治：**可接种鸡传染性喉气管疫苗进行预防，可用清热解毒、利咽的中药治疗。或用 0.01% 的恩诺沙星饮水，同时倍量添加电解多维、鱼肝油，连用 5 ～ 7 天。病鸡与健康鸡隔离管理，可减缓传播速度。

6. 鸭病毒性肝炎

◆**症状：**步态不稳，抽搐，角弓反张，身体侧卧，两脚痉挛反复蹬，喙端及爪尖瘀血呈暗紫色，少数排黄绿色粪便。肝大，质脆，有大小不等的出血斑点，急性呈土黄色，病程稍长呈灰黄色或斑驳状；胆肿大，胆汁呈褐色、淡黄色或淡绿色；肾肿大，呈淡红色。

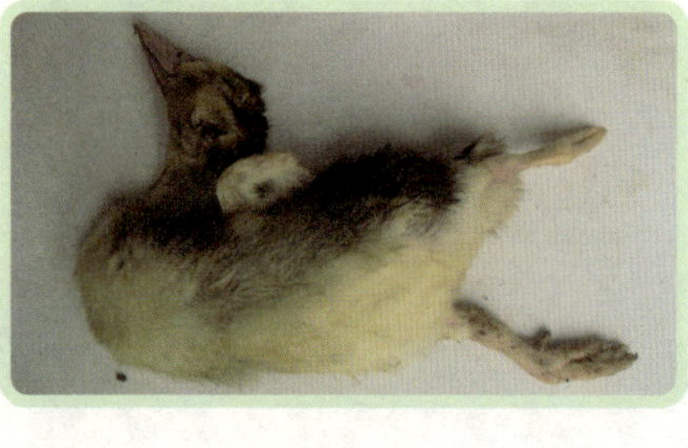

鸭病毒性肝炎：死后呈角弓反张（背脖）两腿后蹬状

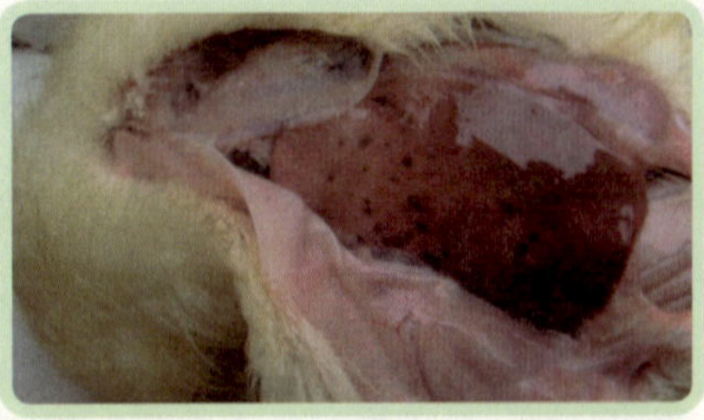

鸭病毒性肝炎：肝脏点状、斑块状出血

◆**防治**：可在出壳2日内注射鸭病毒性肝炎高免卵黄抗体进行预防，如急性突发病例，应全群紧急注射鸭病毒性肝炎高免卵黄抗体，24小时内可停止死亡。

7. 小鹅瘟

◆**症状**：精神不振，迟缓，拒食，但饮水多，排出黄白色或黄绿色稀粪，泄殖腔扩张，张口呼吸，鼻孔和口腔有棕褐色或绿褐色浆液性分泌物流出，喙端发绀，蹼色发暗，眼结膜干燥，全身有脱水征象，在临死前可出现两腿麻痹或抽搐。小肠前段黏膜肿胀充血，覆盖有大量黄色黏液，胆囊肿大，胆汁充盈但稀薄。卵黄柄和回盲部肠段，外观极度膨大，呈淡灰白色，体积比正常肠段增大2~3倍，形如香肠状，手触肠段质地坚实。

◆**防治**：购入的雏鹅入场2日内注射小鹅瘟高免卵黄抗体，间隔1周注射一次，连用3次基本可以避免小鹅瘟的发生。

8. 沙门氏菌病（细菌性传染病包括：白痢、伤寒、副伤寒）

◆白痢：特征为糊肛，慢性的引起瞎眼。若控制不好，有的鸡群死亡率可以高达 100%。

◆伤寒：鸡食欲不佳，翅膀下垂，饮水增多，拉黄绿色粪便，盲肠粪便常见有气泡。生长速度减慢，消瘦，呼吸困难，喘气，死亡率在 10% 左右。

◆副伤寒：传播媒介主要是病鸡和老鼠，主要经呼吸道传播，可引起雏鸡大批量死亡，拉稀，缩头，闭眼，羽毛松乱无光泽，活动少，垂翅，发出微弱的叫声，反应迟钝。脱水，嗉囊内无料无水，干瘦如柴。

◆防治：出壳雏鸡开食时，将敏感抗菌药物如恩诺沙星、环丙沙星、氧氟沙星、新霉素等添加入饮用水或饲料中，连续使用 3~5 天，可取得较好的预防效果。

9. 巴氏杆菌病（禽霍乱、禽出血性败血症）

◆症状：羽毛松乱，缩颈闭眼，翅膀下垂，离群呆立。呼吸急促，鼻和口中流出混有泡沫的黏液，常有剧烈的腹泻，粪便呈灰黄色或绿色，病鸡体温升高到 43~44 ℃，食欲废绝，喜欢喝水，鸡冠和肉髯发绀呈黑紫色，肉髯常发生水肿、发热和疼痛。腹部脂肪、浆膜、心脏等点状出血或有出血斑，心包积液呈淡黄色。慢性的患病禽类，其肝脏密布针尖大小的白色或黄色坏死点，部分心包积液中有纤维性絮状物。

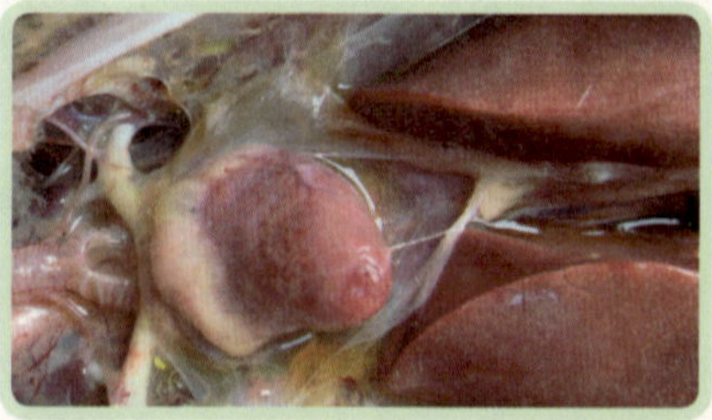

禽霍乱慢性型（鸭）：浆膜、心脏等点状出血，心包液淡黄色混有纤维性絮状物，肝脏针尖样坏死

◆**防治**：接种灭活苗，这类灭活苗有禽霍乱氢氧化铝菌苗和禽霍乱油乳剂灭活菌苗等。青霉素、链霉素、土霉素、四环素、金霉素、磺胺类等药物均有治疗效果。

10. 大肠杆菌病

◆**症状**：雏鸡（鸭）脐部炎症；大肚子，扭头，歪脖子；眼鼓胀，有干酪样渗出物；食欲不振，缩头，羽毛松乱，有白色、黄色、绿色粪便，禽类发生过法氏囊病后很容易感染大肠杆菌。

◆**防治**：

（1）疫苗接种：10 日龄左右，肌内注射鸡大肠杆菌多价油乳剂灭活疫苗，0.5 毫升 / 只。

（2）可用沙星类抗生素或磺胺类药物，但用药时要注意观察，若效果不显著应及时换药。

11. 鸭传染性浆膜炎（鸭疫巴氏杆菌病）

◆**症状**：湿眼圈，流眼泪，排白色带绿的下痢粪便，鼻孔流出鼻黏液至嘴部污染呈脏色，瘫痪，趴在地上，歪脖扭颈，张口呼吸。心膜附有黄色干酪样渗出物，气囊炎，输卵管内形成干酪样渗出物，皮下有干酪样渗出物。

◆**防治：** 雏鸭出壳3日内注射疫苗，2周后再进行加强免疫注射一次，种鸭开产前再进行一次免疫，可有效预防此病的发生。

12. 鸡（鸭）球虫病

◆**症状：** 若为小肠球虫病，粪便呈淡红色或番茄酱样；若为盲肠球虫病，粪便呈鲜血样。30日龄左右发生球虫病突然死亡的鸡，用手顶其肛门有流血或肛门周围羽毛有血。

◆**防治：** 将球虫净或治虫净放入饮用水。

13. 慢性呼吸道病

◆**症状：** 鼻孔内有黏液；眼圈塌陷，眼睛周围发蓝、发绿；与其他病混感时咳嗽、甩头，有呼噜声；上下眼睑黏合，有干酪样渗出物。

◆**防治：** 合理控制饲养密度，注意通风和保暖。

二、猪牛羊病

1. 猪瘟

◆**症状：** 持续高热、广泛性出血、皮肤发红、指压不褪色、大便干燥。肾脏、小肠、心脏等均有针尖状出血点。

 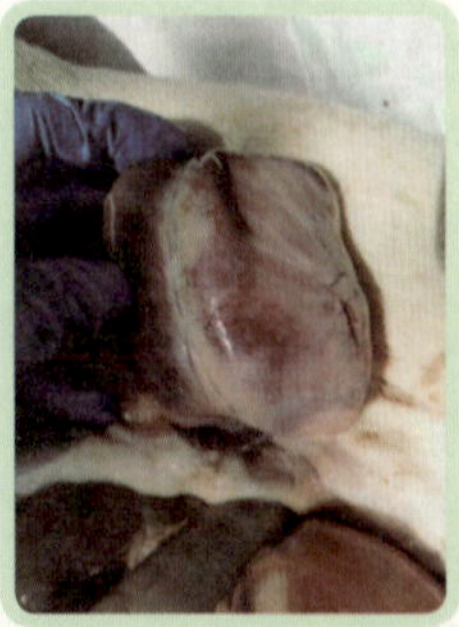

猪瘟病畜解剖特征

◆**防治：**注射猪瘟疫苗、氨苄青霉素、黄芪多糖、维生素B_1，猪舍消毒。

2. 蓝耳病

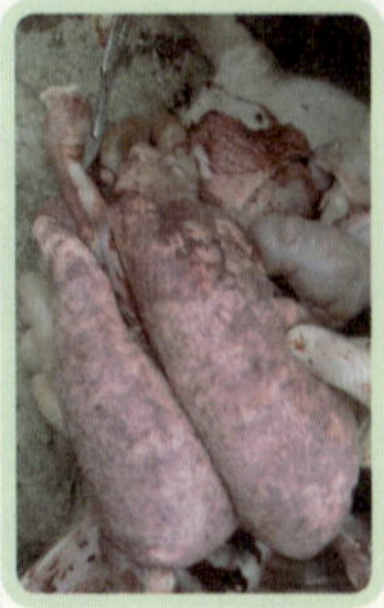

蓝耳病病畜解剖特征

◆**症状：**高热，耳部、腹部出现蓝紫色，母猪流产、死胎。肺炎，淋巴结充血水肿。

◆**防治：**注射疫苗，保育时期控制继发感染，饲喂替米考星。

3. 猪丹毒

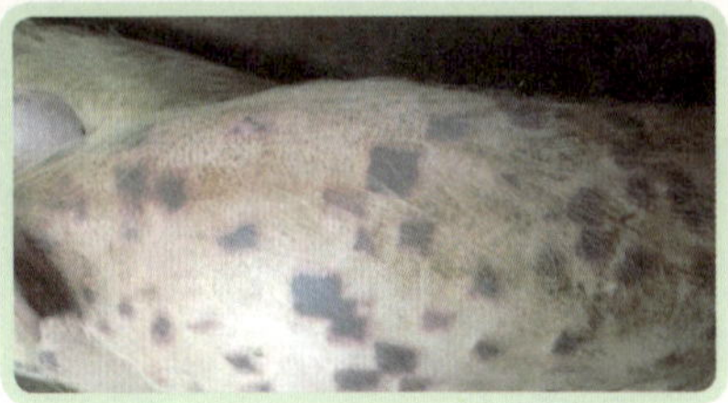

猪丹毒病畜解剖特征

◆症状：高热，皮肤呈丘疹状出血斑，指压褪色。

◆防治：用猪丹毒疫苗免疫，加强消毒，用阿莫西林拌料或注射青霉素、氨苄西林灭菌，用氨基比林退烧。

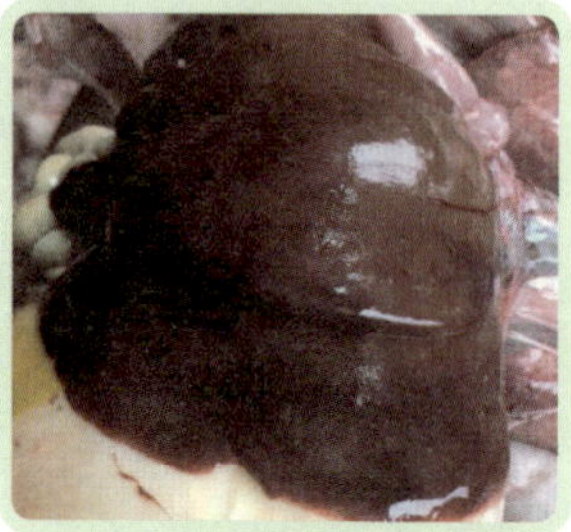

猪伪狂犬病病畜解剖特征

4. 猪伪狂犬病

◆症状：主要是母猪患病，怀孕母猪出现流产、死胎，呕吐、腹泻。

◆防治：预防为主，注射伪狂犬疫苗，净化猪群，在引种时必须检测伪狂犬病病毒，应为阴性。

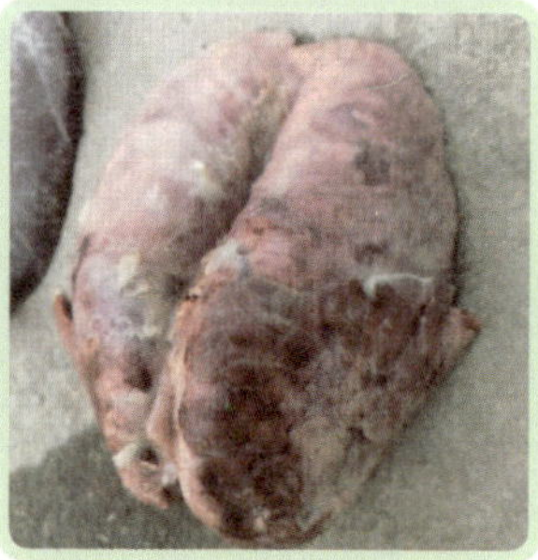

猪传染性胸膜肺炎病畜解剖特征

5. 猪传染性胸膜肺炎

◆症状：高热，厌食，咳喘，口、鼻流出泡沫血性分泌物。气管、支气管中充满泡沫样黏液，肺炎区有纤维素性物质附于表面，肺出血。

◆防治：发病时注射青霉素，以阿莫西林、氨苄西林拌料。

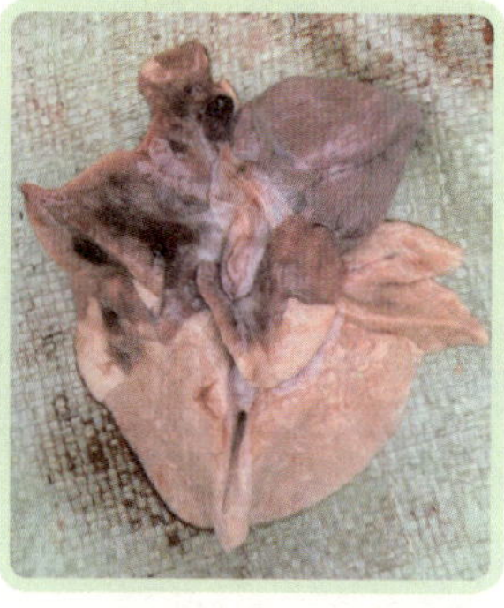

猪支原体肺炎病畜解剖特征

6. 猪支原体肺炎

◆症状：高热，咳嗽，喘气，犬坐姿势。肺病变，甚至可能呈虾肉样变，肺门淋巴结肿大。

◆防治：注射疫苗，以支原净（泰妙菌素）拌料。

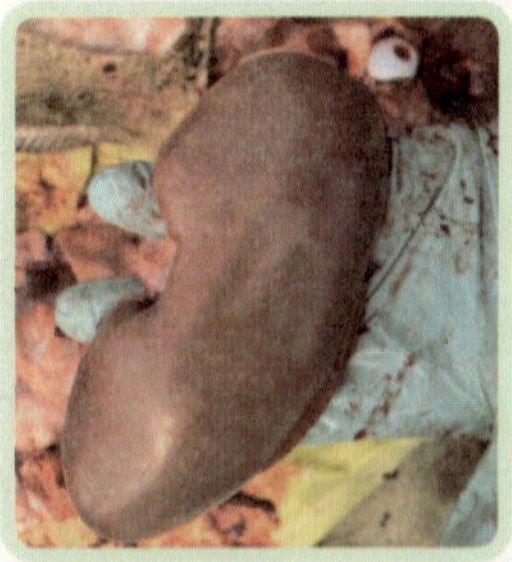
猪圆环病毒病病畜解剖特征

7. 猪圆环病毒病

◆症状：皮肤发生圆形或不规则的隆起，周边为红色或紫色、中央为黑色的病灶。

◆防治：注射圆环病毒疫苗。

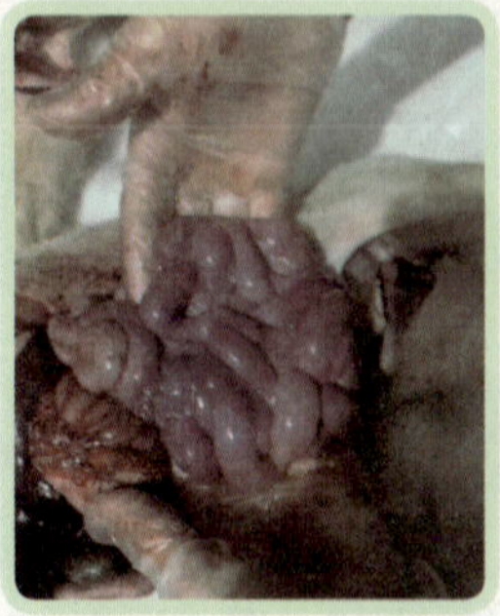
猪腹泻病畜解剖特征

8. 猪腹泻（常见白痢、黄痢、副伤寒）

◆症状：拉稀、呕吐。

◆防治：注射疫苗，大型养殖户直接淘汰病猪，小农户给病猪补液（0.9% 生理盐水）。

9. 牛瘤胃积食

◆症状：食欲减退，反刍、嗳气减少或停止，后肢踢腹，头向后顾盼，站立不安。

◆防治：主要注意饮食，采取硫酸钠或硫酸镁泻下，再补液。

10. 牛寄生虫病（球虫、螨病、肝片吸虫）

◆症状：

（1）拉稀。

（2）湿疹性皮炎，背毛脱落。

（3）肝片吸虫：高热，腹泻。

◆防治：用伊维菌素或阿维菌素治疗。

11. 牛传染性胸膜肺炎（牛肺疫）

◆症状：突发高热，结膜发绀，呼吸和消化器官严重卡他性炎症和运动障碍，有吭声或痛性短咳。

◆防治：电解多维、抗病毒类药物和抗生素类药物治疗。

三、兔病

1. 兔瘟

◆症状：体温升高至 41℃以上，食欲减退或废绝，饮欲增加。死前突然兴奋，尖叫几声便倒地死亡。鼻孔流出血液，肺出血，脾脏肿大呈黑紫色。

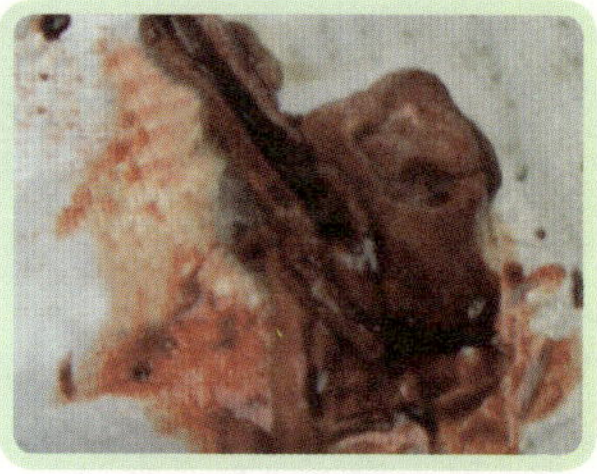

兔瘟病兔解剖特征

◆防治：对轻症的兔进行紧急免疫，注射 2 毫升兔瘟单苗；对出现症状且有治疗价值的兔，可用兔瘟高免蛋黄抗体进行治疗。

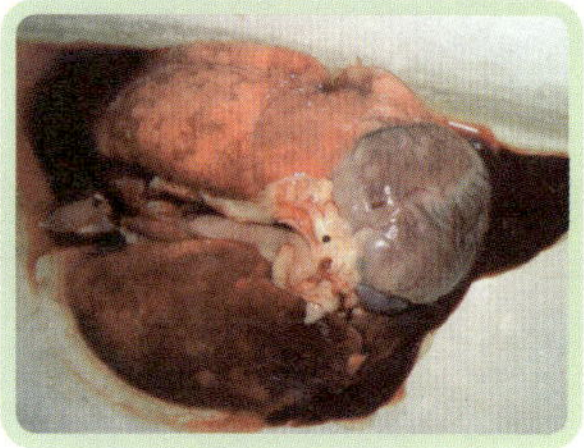

兔巴氏杆菌病兔解剖特征

2. 兔巴氏杆菌病

◆症状：仔兔流泪，结膜充

血发红，眼睑中度肿胀，分泌物常将上下眼睑粘住。斜颈，病兔肺实质病变，腹泻，关节肿胀等。

◆**防治：**定期接种兔巴氏杆菌氢氧化铝菌苗或兔瘟-兔巴氏杆菌二联疫苗，发病采用链霉素等抗生素类药物治疗。

3. 兔大肠杆菌病

◆**症状：**出现胶冻样或水样腹泻及严重脱水，体温正常或降低，四肢冰凉，磨牙，消瘦，衰竭而死。

兔大肠杆菌病病兔解剖特征

◆**防治：**可用恩诺沙星或环丙沙星，病愈后喂活菌制剂或健康兔的软粪少许，以平衡肠道菌群，促进康复。

4. 兔葡萄球菌病

◆**症状：**病兔打喷嚏，鼻流出大量浆液性或黏脓性分泌物，皮肤现脓肿，兔肛门有腥臭气味，肠黏膜充血、出血，乳房肿胀呈紫红色或蓝紫色，乳汁中有脓液、凝乳块或血液，各器官脓肿，后脚掌易形成经久不愈的易出血的溃疡。

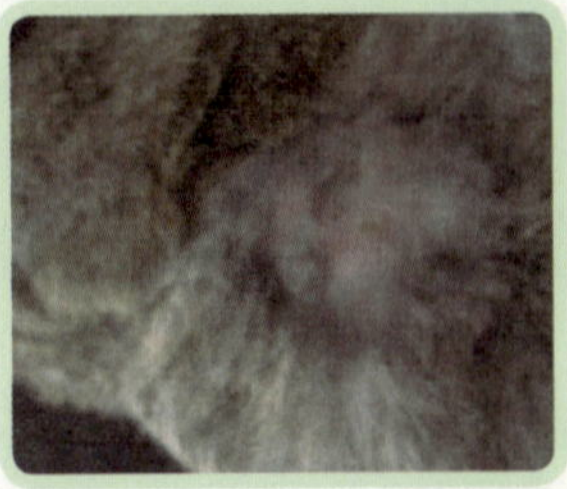

兔葡萄球菌病病兔特征

◆**防治：**用青霉素等抗生素类药物治疗。

5. 兔球虫病

◆症状：食欲减退，以后废绝，精神沉郁，喜卧，眼、鼻分泌物及唾液增多，体温略升高，贫血，消瘦，被毛粗乱，下痢乃至血痢，腹胀，尿频或常做排尿姿势。

◆防治：用兔球灵等抗球虫药按治疗剂量拌料。

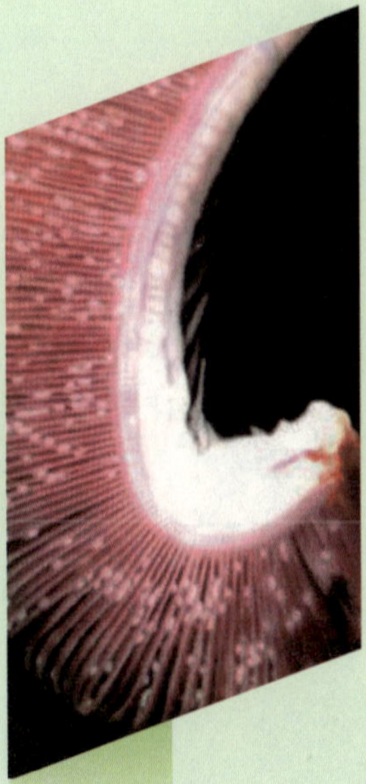

第五部分

常见鱼病

据监测统计，近几年水产疫病出现在细菌性、病毒性、真菌性、寄生虫和藻类上，发病趋势呈现出暴发性、病原变异和广谱耐药性加剧等。常见的鱼病有：

一、草鱼出血病

流行季节：4—10 月。

◆症状：

组织器官有不同程度的充血、出血。皮下肌肉、口腔、头部、眼眶、鳍基、下颌、鳃盖、肠、内脏器官等充血。鱼体呈暗黑色，无光泽。离群独游，不吃东西。

草鱼出血病

◆治疗：

外用：（1）生石灰，水深 1 米，每亩用量 20 公斤，化水全池泼洒。（2）烟叶 0.75 公斤，温水浸泡 2 小时，或冷水浸泡一夜，取汁全塘泼洒。

内服：（1）1.5% 的大黄粉或“三黄粉”，或 1.5% 的大蒜素加 0.75% 的食盐和 10% 的鲜韭菜（捣烂），与适量面粉制成药饵投喂。（2）按饲料量 0.2% 添加恩诺沙星，连喂 5 天。

预防方法：（1）清塘消毒；（2）放养、密养合理；（3）鱼种用碘伏药浴；（4）人工免疫（土法疫苗）。

二、肠炎病

流行季节：5—9 月。

◆症状：

腹部膨大有红斑，肛门红肿突出，轻压腹部有淡黄色或血液状黏液从肛门流出，肠管发炎、充血并腐烂。

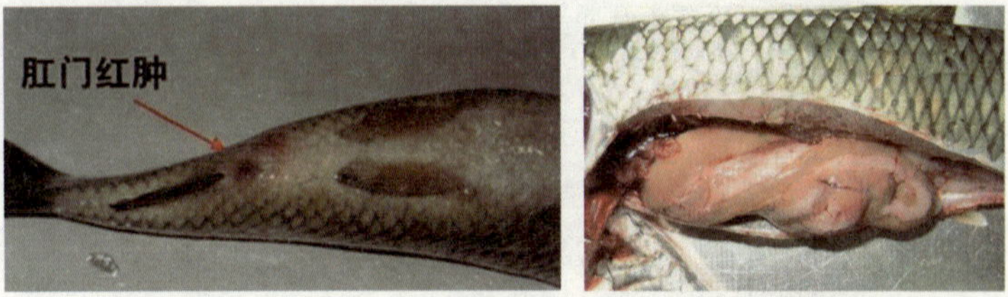

肠草炎病

◆治疗：

外用：水深 1 米，每亩用生石灰 20 公斤或漂白粉 0.5 公斤全池遍洒，隔天 1 次，连用 2 次。

内服：（1）大蒜头。每 50 公斤草鱼用大蒜头 0.5 公斤，食盐 0.1 公斤，捣烂，与适量面粉拌饵投喂，每天 1 次，连喂 3 天。（2）三黄粉。黄芩、黄檗、大黄各 0.5 公斤，煮沸后取汁，并加 0.5 公斤食盐，加入 100 公斤饲料，拌食投喂，连喂 4~5 天等。

三、烂鳃病

流行季节：5—9月。

◆**症状：**

病鱼体色发黑，尤其是头部，也叫作“乌头瘟”。病鱼鳃丝末端腐烂、充血，有时被成块的污物和泥土黏着。严重时鳃丝被侵蚀成柱状，鳃骨外露发白，鳃盖骨内外层同时被腐蚀时远看呈空洞状，南方称为“开天窗”。

烂鳃病

◆**治疗：**

外用：（1）五倍子全池泼洒：水深1米，每亩用五倍子1.35公斤，碾碎后加水煮沸或用开水冲溶，连渣带汁加入精碘（0.5毫克/升）、二溴海因（0.2毫克/升），每周用药一次。外用药选择杀菌消毒灵（0.2毫克/升）和009速康（2毫克/升），连用2次。

内服：每100公斤饲料添加土霉素20~30克、诺氟沙星16~20克，连喂3~5天。

四、赤皮病

流行季节：终年可见，但以春末夏初为流行盛期。

◆**症状：**

病鱼体表局部或大片出血发生炎症反应，鳞片脱落，鳍条基部充血，鳍条末端腐烂。

◆治疗：

外用：1 米水深，每亩用生石灰 20 公斤或五倍子 1.5~3.0 公斤，捣碎溶水，全池泼洒。

赤皮病

内服：以草鱼多病灵拌饵投喂；苦楝叶浸一昼夜后投喂；三黄粉（黄芩、黄檗、大黄）各 0.5 公斤，煮沸后取汁，并加 0.5 公斤食盐，加入 100 公斤饲料，拌食投喂，连喂 4~5 天等。

五、白头白嘴病

流行季节：5—7 月。

◆症状：

病鱼头部和嘴部周围皮肤色素消退成乳白色，唇似肿胀，张闭失灵，因而造成呼吸困难，口圈周围皮肤溃烂，微有絮状物粘随其上，因而呈现“白头白嘴”症状。在水面游动之病鱼，症状尤为明显。当病鱼离水后，症状就不显著。

白头白嘴病

◆治疗：

1 米水深，每亩用生石灰 20 公斤或漂白粉 0.65 公斤全池遍洒；每亩用菖蒲 1~1.5 公斤，艾草 2.5 公斤、食盐 1.5 公斤和水煮汁全池泼洒；每亩用苦楝叶 30 公斤，煎汁全池泼洒。

六、打印病

流行季节：终年可见，以夏、秋两季为流行盛期。

◆**症状：**

患病部位通常在肛门附近两侧和腹部两侧，呈圆形或椭圆形红斑，严重时肌肉腐烂，直至穿孔，可见骨骼和内脏。

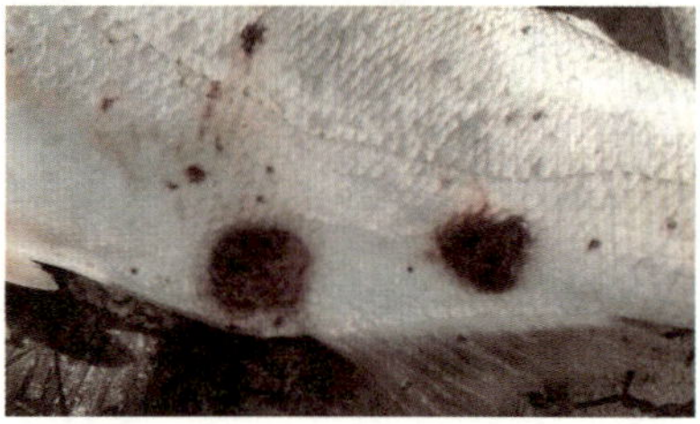

打印病

◆**治疗：**

同白头白嘴病。

七、水霉病

流行季节：终年可见，但以早春、晚冬为流行盛期。

◆**症状：**

鱼类患此病的主要原因是捞捕、运输等使鱼体表受伤，鳞片脱落，或被寄生虫破坏皮肤，以致霉菌的游动孢子从鱼体伤口侵入，迅速萌发，并向外生长，呈绵毛状菌丝，故称为“生毛”。病鱼游动失常，食欲减退，最后瘦弱而死。

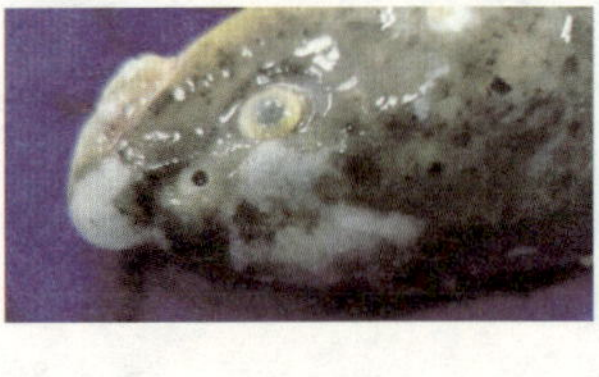

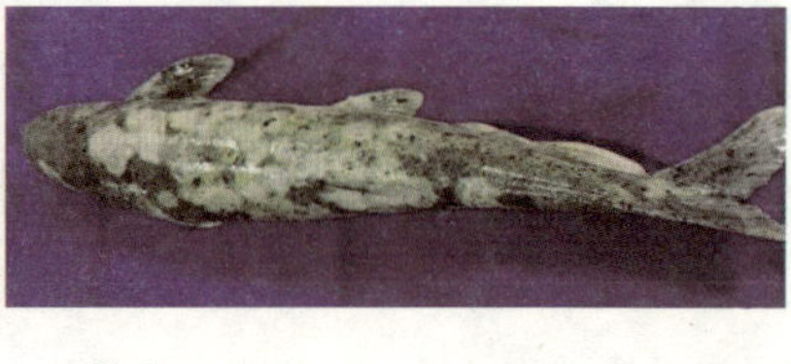

水霉病

◆治疗：

水深 1 米，每亩用五倍子 2.5 公斤捣碎浸泡后全池泼洒；用 3%~4% 食盐水浸泡鱼种 5~10 分钟；每亩用菖蒲 2.5~5.0 公斤、食盐 0.5~1.0 公斤，加入人尿 5 公斤，全池泼洒。

八、小瓜虫病（也称白点病）

流行季节：3—5 月，8—10 月。

◆症状：

在鱼体表、腮、鳍条上布有小白点，肉眼可见，严重时病鱼体表似覆盖一层白色薄膜，病鱼死亡 2~3 小时后消失。

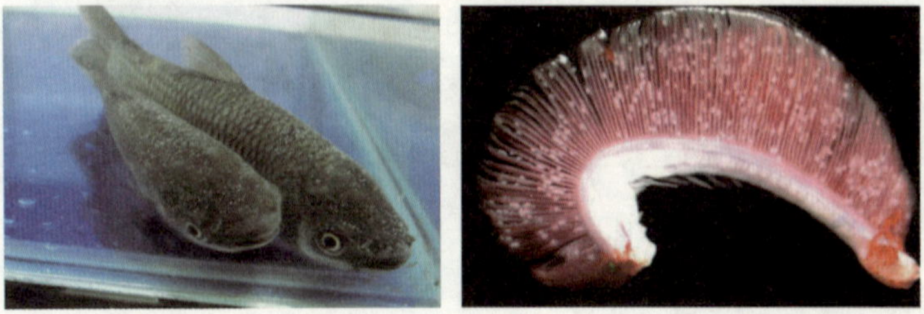

小瓜虫病

◆治疗：

1 米水深，每亩用干辣椒 250 克、生姜 80 克，兑水煮汤，全池遍洒。

九、锚头鳋病

流行季节：4—10 月。

◆症状：

病鱼体表被虫体寄生部位周围的组织发生炎症红肿，大量寄生时，鱼身似披上“蓑衣”一样，病鱼急躁不安，食欲减退，致使鱼体消瘦，生长缓慢，以致死亡。

锚头鳋病

◆治疗：

突然改变鱼的生活环境，如注水，培肥水质，可使锚头鳋脱落；每亩用 90% 敌百虫晶体 0.35 公斤，全池泼洒；每亩用松树枝、苦楝叶 15 公斤浸泥池中，3 天后锚头鳋即脱落。

十、鱼鲺

流行季节：5—8 月。

◆症状：

鱼鲺寄生在鱼体表和鳃上，肉眼可见到鱼鲺虫体，靠吸盘、口刺吸附在鱼体上，刺伤或撕破鱼的皮肤，吸食血液，使鱼体逐渐消瘦，病鱼极度不安，群集睡眠，狂游和跳跃。

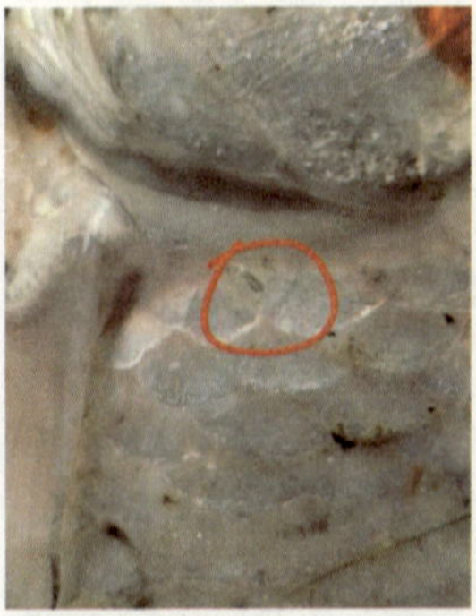
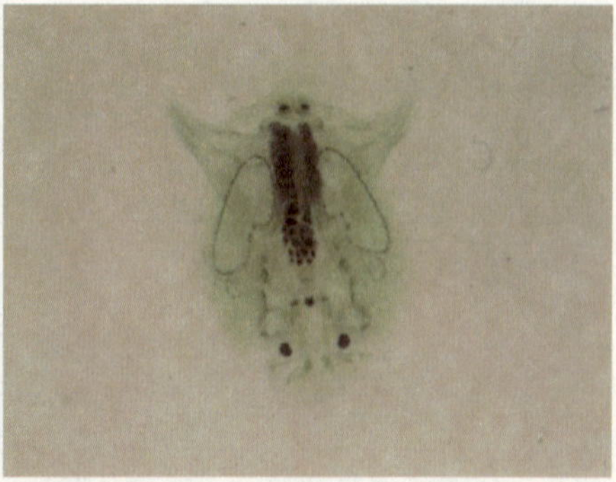

鱼虱

◆治疗：

每亩用 90% 敌百虫晶体 0.35 公斤，全池泼洒；每亩用樟树叶 15 公斤，捣烂，连渣带液投入池中。

参考文献

[1] 许彦来．二十四节气知识［M］．天津：天津科学技术出版社，2013.

[2] 王永康．规模化肉兔养殖场生产经营全程关键技术［M］．北京：中国农业出版社，2019.

[3] 甘孟侯．中国禽病学［M］．北京：中国农业出版社，1999.

[4] 张钟灵，等．蔬菜栽培新技术手册［M］．重庆：重庆出版社，1998.

[5] 郭玉璞．鸭病诊治彩色图说（第2版）［M］．北京：中国农业出版社，2003.

[6] 黄琪琰．鱼病诊断与防治图谱 [M]. 北京：中国农业出版社，1999.

[7] 夏春，等．鱼病诊断与防治手册 [M]. 北京：中国农业出版社，1999.